KB247485

우리 아이 키우는
쑥쑥 고기반찬

요리 **서혜원**

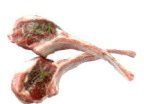

수작걸다

"엄마 오늘 반찬은 뭐예요?"
"우리 아이 키우는 고기반찬!"

나름 우량아로 태어난 큰아이는 이유식이 중기를 넘어갈 무렵부터 서너 살이 될 때까지
흔히 말하는 입이 짧은 아이였습니다. 처음의 기대와 달리 크는 내내 겨우 중간 정도의
키를 유지했지요. 어떻게 좀 더 달래서 먹여볼까? 무엇을 해 먹일까? 매일 고민의
연속이었습니다. 그러다 찾은 소아과에서 의사 선생님이 "다른 건 몰라도 고기는 하루 한 번
이상 꼭 먹이라"고 하더군요. 유아기부터 고기를 충분히 섭취한 아이와 그렇지 않은 아이는
뼈와 근육의 기초 골격형성에 있어 큰 차이를 보인다는 얘기였지요. 그날 이후 아이의
식단에서 고기는 중요한 부분이 되었습니다.

큰아이를 낳고 뒤늦게 대학원에서 학부 때 전공했던 영양학을 다시 공부하기 시작했습니다.
예전에는 그저 어렵게만 느껴지던 식품의 영양성분, 영양균형 등이 서서히 내 아이의
성장과 연관되면서 쉽게 와닿더군요. 실제로 고기에는 아이의 성장과 기본 체력 그리고
면역력 형성에 중요한 영양소인 단백질이 다른 식품군에 비해 월등히 많이 함유되어
있습니다. 단백질은 우리 몸에 저장되는 지방이나 탄수화물과 달리 매일 조금씩 섭취해줘야
하지요. 특히 식품 섭취를 통해서만 흡수할 수 있는 필수 아미노산 중 일부는 식물을
통해서는 섭취가 불가한 것도 존재합니다. 이를테면 칼슘의 흡수를 도와 아이 성장에
도움을 주고 항체나 호르몬의 형성, 그리고 면역력 증가에 꼭 필요한
아미노산 '라이신'은 곡류 중심의 식사를 하는 동양인에게 부족하기 쉬운 영양소로
꼽히지요. 육류를 통해서만 충분한 섭취가 가능합니다. 성장기의 어린이, 청소년에게 고기
섭취를 통해 영양균형을 맞추기를 강조하는 이유기도 합니다.

하지만 막상 아이에게 매일 고기를 먹인다는 게 쉬운 일은 아닙니다. 저 역시 처음엔
주로 굽거나 삶는 조리법을 기본으로 그나마 만만한 불고기, 생선구이, 장조림 등으로
돌려막기를 하곤 했습니다. 직장생활을 하면서 손쉽게 해줄 수 있는 아이용 고기반찬을
고민하기 시작했지요. 미리 밑준비를 해서 얼려두고 빠르고 손쉽게 활용할 수 있는
메뉴부터 고기 종류별, 부위별로 아이들이 좋아할 맛이나 재료가 어우러질 수 있는
메뉴들을 하나둘씩 만들어보곤 했습니다. 내 아이들을 위한 고기반찬거리에 대한 고민이
이 책의 시작입니다. 아이에게 먹이기 위해 짠 메뉴지만 여러 번 준비하는 번거로움을
덜고 가족이 함께 할 수 있는 메뉴도 함께 고민했지요. 더불어 고기 편식을 하지 않도록 고기
종류별로 어울리는 채소들을 함께 활용하는 법도 담았습니다.
오늘도 아이들이 좀 더 맛있게 그리고 건강하게 즐길 수 있는 밥상을 고민하는 엄마들에게
조금이나마 도움이 되는 책이길 바랍니다.

서혜원

INFO

우리 아이 키우는 쑥쑥 고기반찬

Beef

 **PART 1** 소고기로 만든 반찬

소고기 + 부위 선택
등심살·안심살·살치살·부채살·우둔살·사태·
갈비·목심살 … 24

소고기 + 기본 소스
불고기소스·토마토소스·참깨소스 … 28

소고기 + 베이스 만들기 & 활용요리
베이스① 미트소스 … 30
라자냐·고기감자파이·채소구이덮밥
베이스② 불고기 양념육 … 34
버섯그릴샌드위치·불고기꽈리고추볶음·불고기버섯전골
베이스③ 채소 다짐육 … 38
함박스테이크·토마토미트볼조림·미니햄버거
베이스④ 사골육수 … 42
사골칼국수·사골우거지국·사골떡국

PART 2 돼지고기로 만든 반찬

Pork

PART 3 닭고기로 만든 반찬

Chicken

Lamb

PART 4 양고기&오리고기로 만든 반찬

Duck

우리 아이 키우는
쑥쑥 고기반찬

눈만 뜨면 고기반찬 타령하는 아이에게 오늘은 무슨 반찬을 해줄까요?
고기라면 고개부터 절레절레 젓는 아이에게는 어떻게 고기를 먹일 수
있을까요? 성장기 아이에게 꼭 필요한 단백질 보급원 고기!
매일매일 우리 아이 쑥쑥 키우는 고기반찬을 준비해봅니다.

고기를 둘러싼
알쏭달쏭 Q&A

Q 꼭 고기로 단백질을 섭취해야 할까?

탄수화물, 지방, 단백질은 몸에 필요한 3대
영양소입니다. 그중 단백질은 우리 몸의 근육,
뼈, 피부 등을 만들어 성장기 아이들에게 꼭
필요한 영양소이지요. 단백질은 필수아미노산과
불필수아미노산으로 나뉘는데, 우리 몸에서 만들 수
있는 불필수아미노산과 달리 필수아미노산은 오직 육류,
생선, 견과류, 표고버섯, 달걀, 우유, 콩 등의 음식으로만
섭취가 가능합니다. 그중에서도 필수아미노산 함유량이
가장 높은 식품군이 육류, 고기입니다. 고기는 약 70%의
수분과 약 30%의 단백질, 지방, 탄수화물 등의 영양소로
구성되어 있습니다.

식품별 단백질 함유량

식품군/100g 기준	단백질 함유량
소고기 살코기	18.62g
닭고기 살코기	24.0g
돼지고기 살코기	19.78g
달걀	12.44g
강낭콩(말린 것)	21.02g
두부	9.62g
우유	3.08g
호두(말린 것)	15.47g

참고 국가표준식품성분표 제9개정판

Q 1일 단백질 적정 섭취량은 얼마나 될까?

단백질은 적정량 섭취가 중요합니다. 부족 시에는 항체
생성에 영향을 미쳐 면역력 저하나 빈혈, 성장 저하가
나타날 수 있지요. 반면 과잉 시에는 체내 칼슘의
배출을 증가시킬 위험이 있고 고지혈증, 당뇨, 고혈압
등 다양한 성인병을 유발할 수 있습니다. 무엇보다
단백질과 다양한 영양소의 밸런스 유지가 중요하지요.
전문가들은 육류 섭취 시 섬유질이 풍부한 채소를 함께
섭취해야 체내 유해물질의 독성을 줄일 수 있다고
이야기합니다. 단백질은 체중 1kg당 1일 1.0~1.5g
섭취를 권장합니다.

연령별 단백질 1일 권장 섭취량

연령	남자	여자
3~5세	20g	20g
6~8세	30g	25g
9~11세	40g	40g
12~14세	55g	50g
15~18세	65g	50g
19~29세	65g	55g
30~49세	60g	50g
50~64세	60g	50g
66세 이상	55g	45g

참고 국립농업과학원(한국인 영양소 섭취기준)

Q 고기 종류별로 보관기간도 다를까?

육류는 구입 즉시 보관에 신경써야 합니다. 냉장실에
며칠만 두어도 고기의 색이 변하지요. 족히 넣어둔
지 한 달 가까이 된 냉동실 고기는 언제까지 먹어도
될까요? 고기의 유통기한은 위생관리와 보관상태 등에
따라 달라지는데 완벽한 진공포장 상태라면 냉장보관
45일, 냉동보관 1년까지 가능하다고 합니다. 하지만
일반 가정에서 100% 진공포장을 하기란 어려우므로
서둘러 사용해야 하지요. 구입 후 즉시 포장을
뜯어 수분부터 제거한 뒤 밀폐포장하는 게 보관의
시작입니다.

소고기·돼지고기·닭고기 최적 보관온도 및 기간

	소고기	돼지고기	닭고기
냉장온도	4℃	4℃	3~7℃
냉장기간	3~5일	2일	1~2일
냉동온도	-12~-18℃	-12~-18℃	-12~-18℃
냉동기간	3개월	15일~1개월	6개월

출처 국립축산과학원

Q 국내산이 더 맛있는 이유는 뭘까?

수입고기는 대부분 냉동 상태로 들어와 국내에서 자연
해동을 거쳐 유통되므로 그 사이 육즙이 빠져나가고
육질이 질겨지기 쉽습니다. 결국 냉동과 해동의 과정을
거치지 않는 국내산이 더 맛있기 마련이지요.
각 나라의 고기 소비문화의 차이도 맛을 결정하는
중요한 기준이 되는데, 우리나라의 경우 마블링이라
불리는 지방 함량이 높은 부위가 인기가 많습니다. 각
나라별로 자국의 식습관에 따라 소고기의 등급기준이
다른 것도 그런 이유입니다.

국가별 소고기 등급제

국가	등급기준 / 지방 함량				
한국	1++	1+	1	2	3
	19~17%	17~13%	11~9%	7~5%	5% 미만
일본	5등급	4등급	3등급	2등급	1등급
	31.7~22.5%	20.2~15.6%	13.3~11%	8.8%	6.5%
미국	프라임	초이스	셀렉트	스탠더드	
	10.4~8.6%	7.3~5.0%	3.4%	2.5~1.8%	

참고 축산물품질평가원

소고기 vs 돼지고기 vs 닭고기

신선 선택법 + 기본 밑간

Beef

색 살코기는 선홍색의 윤기가, 지방은 우윳빛의 윤기가 나는 것이 좋다. 지방 부분이 누렇거나 푸석해 보이면 이미 지방이 산화된 것이므로 피한다. 밀폐포장 시 육질이 검붉은 경우도 있는데 신선도와는 상관없다. 다시 산소를 접촉하면 30분 내외로 붉은색이 돌아온다.

탄력 부위에 따라 차이가 있지만 대체로 살코기 사이에 지방이 균일하게 퍼져 있는 것을 고른다. 육질이 단단하고 건조하다면 늙은 소일 가능성이 높다.

+ 기본 밑간
재료 소고기 200g, 배즙 1큰술, 양조간장 1/2큰술, 후춧가루 약간

소고기를 이용한 한식요리에 많이 쓰이는 밑간이다. 단맛을 내는 배즙과 간장, 후춧가루로 밑간한 소고기는 감칠맛이 나서 다른 재료와도 잘 어울린다.

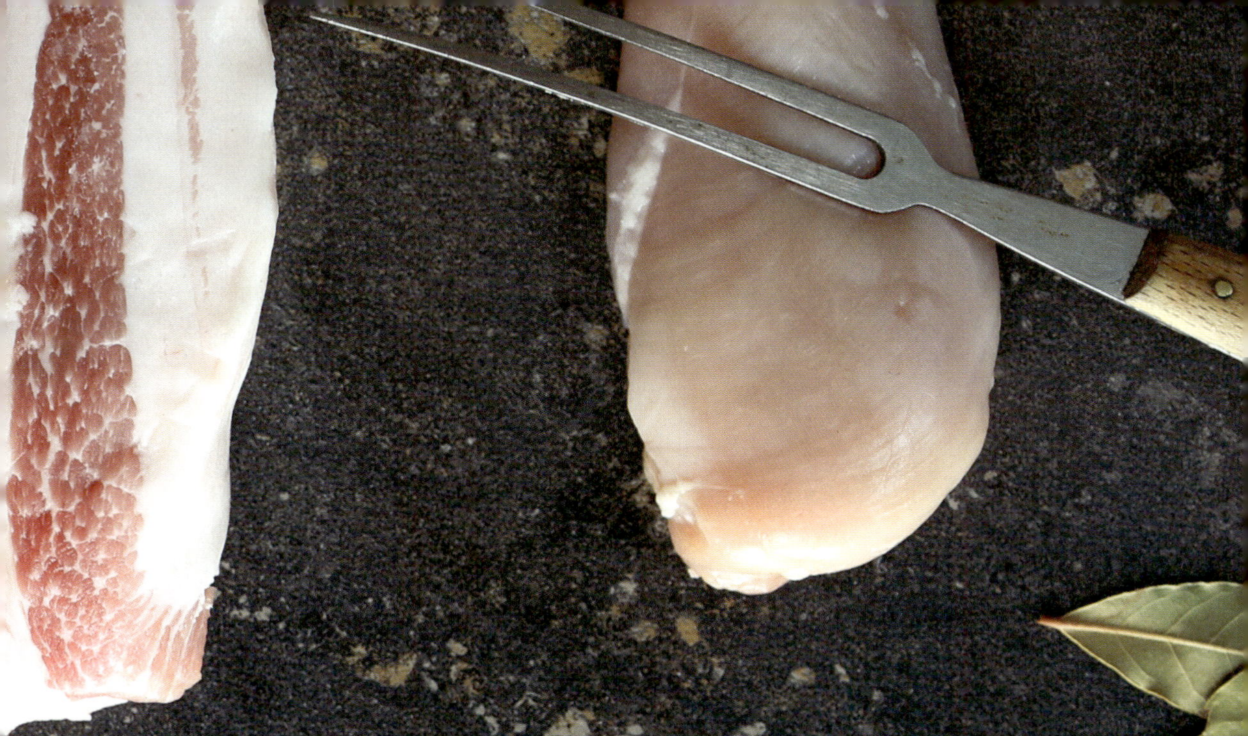

Pork

색 육질은 선명한 분홍색을 띄고 지방은 하얀색의 윤기 나는 것이 신선하다. 살코기 부분이 진한 암적색이라면 육질이 질길 가능성이 높다.

탄력 지방이 지나치게 무르거나 노란색을 띄는 것은 신선하지 않으니 피한다. 결이 곱고 탄력이 있는 것이 부드럽고 질기지 않다. 지방이 고르게 분포되어 있고 고기 표면이 적당히 촉촉한 상태가 좋다.

- -

+ 기본 밑간
재료 돼지고기 200g, 생강술 1큰술, 소금 1/2작은술, 후춧가루 약간

다른 육류에 비해 누린내가 강한 편이라 생강을 활용하면 좋다. 생강술이나 생강즙, 소금, 후춧가루로 밑간한다.

Chicken

색 껍질이 크림색으로 윤기 나는 것을 고른다. 색이 탁하거나 하얀색을 띄면 보관기간이 오래된 것이므로 피한다. 목, 다리 등의 절단 부위와 날개, 꽁지 끝이 붉은색을 띄는 것이 신선하다. 냉동닭의 경우 조리 후 뼈의 표면이나 근육조직이 진한 흑색을 띈다.

탄력 껍질이 울퉁불퉁하고 털구멍이 솟아 있는 걸 고른다. 껍질이 탄력을 잃고 주름지거나 늘어진 것은 신선도가 떨어진다.

- -

+ 기본 밑간
재료 닭고기 200g, 맛술 1작은술, 소금 1/2작은술, 후춧가루 약간

닭고기는 소금, 후춧가루만으로도 밑간이 충분하다. 조림이나 볶음 등의 밑간에 맛술을 더하면 조리 중 누린내가 줄어든다.

고기 똑똑 보관법

냉장 vs 냉동 vs 해동

STEP ❶ 냉장

사전처리 육류를 구입 당시의 포장 상태 그대로 냉장실에 두는 것은 절대 금물이다. 팩으로 포장된 육류는 쉽게 공기와 접촉해 빠르게 산화가 진행된다. 반드시 포장 팩에서 고기를 꺼내 밀폐포장 후 보관한다.

보관방법 냉장 상태로 육류를 보관할 때는 수분이나 핏물을 키친타월로 두드려 제거한다. 핏물이 많은 부위는 키친타월 위에 고기를 올려 보관한다. 키친타월 대신 육류 구입 시 포장에 함께 들어 있던 수분흡수 시트를 활용해도 좋다.

적정온도 육류의 적정 냉장온도는 0℃ 전후나 -1~-7℃가 적당하다. 0℃ 이상의 온도에 육류를 보관할 때는 반드시 보냉제를 함께 두어야 신선도가 유지된다.

냉장기간 늘리는 노하우

01 수분 꼼꼼 제거
고기에서 흘러나온 육즙은 키친타월로 꼼꼼하게 제거한 다음, 다시 한 조각씩 키친타월로 감싼다.

02 밑간으로 지방산화 방지
밑간을 하면 일반 생고기보다 오래 보관할 수 있다. 염분이나 알코올 성분 등이 세균의 번식을 방지해주기 때문이다. 특히 구이용 고기에 식물성 기름을 약간 발라 밀폐해 보관하면 지방 부위의 산화가 늦춰진다.

03 랩이나 진공포장으로 밀폐
랩으로 빈틈없이 말아 공기를 차단한 뒤 비닐팩에 넣어 냉장실에 보관한다. 진공포장을 이용해 밀폐하면 더욱 좋다.

STEP ❷ 냉동

사전처리 고기를 오래 두고 먹을 요량이라면 곧장 냉동한다. 이때 힘줄이나 껍질 등은 냉동과 해동을 거치면서 손상되고 손질도 어려워지니 미리 손질해 보관한다. 냉동 전 차가운 얼음물에 잠시 담가 진공처리하면 조직의 표면이 수축되어 육즙이 덜 빠져나가고 표면이 마르는 것을 막는다.

보관방법 냉동 중에도 고기는 변질된다. 냉동과정 중에는 세포 내 수분이 팽창하는데 그로 인해 주변 조직이 파괴되어 변질되는 것이다. 해법은 급속 냉동이다. 다만 가정용 냉장고에서는 냉동실 온도를 내리는 데 한계가 있으므로 금속쟁반을 활용한다. 금속쟁반은 열전달이 되어 빠르게 냉동시키기 좋다.

적정온도 냉동 시 온도는 -12~-18℃를 유지한다. 보냉제를 얼려두었다가 고기와 같이 두면 냉동시간을 단축시켜 신선한 상태로 보관할 수 있다.

부위별 냉동 노하우

다짐육
다짐육은 냉동 시 1회분씩 소분해 포장한다. 사각 틀에 나누어 넣은 뒤 뚜껑 등으로 밀폐해 얼리면 사용하기 편리하다.

얇게 썬 고기
냉동 전에 고기 사이사이에 유산지나 랩을 끼워 넣는다. 고기가 덩어리로 뭉쳐지지 않아 해동 후 조리하기 쉽다.

두껍게 썬 고기
카레, 국, 찌개용 고기는 소분해 밀폐 보관한다. 살코기와 지방 사이를 직각으로 자르면 가열 시 고기가 수축되는 것이 줄어든다.

덩어리 고기
한 조각씩 밀폐포장해 얼린다. 구이용은 식물성 기름을 살짝 발라 보관하면 산화로 인한 변질을 줄일 수 있다.

STEP ❸ 해동

자연 해동 밀폐포장한 채로 냉장실에서 자연 해동하는 것이 가장 안전하고 좋은 방법이다. 실온 해동 시에는 세균이 번식하므로 다소 시간이 걸리더라도 냉장실에서 해동하는 것을 추천한다. 최소 6~8시간이 필요하다.

흐르는 물에 해동 비닐백에 넣은 채로 흐르는 물이나 미지근한 물에 담가 해동한다. 물이 너무 차가워지면 두어 번 갈아주는 것도 좋지만 따뜻하거나 뜨거운 물은 피한다. 해동에 필요한 시간은 30분 정도.

전자레인지 해동 빠르게 해동해야 할 경우 전자레인지에서 해동시킨다. 일반 가열모드로 해동하면 한쪽 면이 익어버릴 수 있으니 해동모드나 약버튼을 이용한다. 시간을 짧게 나누거나 위치를 바꾸어가며 가열하면 고루 녹는다.

고기 누린내 없애는 향신료

Herb

마늘 육류 종류에 상관없이 누린내를 없애기 위해 다양하게 사용된다. 편으로 썬 것보다 다졌을 때 매운 성분과 향이 더 많이 우러나온다.

로즈마리 구이 등을 할 때 활용하기 좋은 허브다. 소고기나 양고기 요리에 잘 어울린다.

월계수 삶거나 스튜 등의 국물요리를 할 때 한 잎 넣으면 누린내를 제거해준다. 서양식 양념에 고기를 재울 때도 함께 넣으면 잡냄새를 줄여준다.

팔각 강하고 독특한 향이 고기의 누린내를 없애준다. 주로 중식 요리에 쓰는데 특히 돼지고기 요리에 잘 어울린다.

후추 후춧가루를 사용해도 좋지만 통후추를 즉석에서 갈아 고기 구울 때 뿌려주면 매콤한 향이 일품이다.

Liquid

우유 우유에 닭고기를 담가두면 누린내와 잡내가 줄어든다. 간처럼 냄새가 강한 부위에도 활용하면 좋다.

생강술 생강과 알코올 성분이 함께 고기의 냄새를 잡는다. 특히 돼지고기나 닭고기 요리에 사용하면 냄새 제거와 함께 생강 특유의 향이 풍미를 돋운다.

양파즙 양파는 냄새 제거와 더불어 연육작용 효과가 뛰어나 질긴 부위를 요리할 때 좋다. 고기를 재울 때 활용하면 양파 자체의 단맛이 더해져 설탕의 양을 줄일 수 있다.

조리방법에 맞는 도구 고르기

볶음·구이·조림·소스 ⇒ 프라이팬

각종 볶음요리나 두께가 얇은 고기를 굽고, 적은 양의 소스를 졸일 때 사용한다.

TIP 세척 시 부드러운 수세미로 살짝 닦는다. 강한 수세미로 문지르면 코팅이 벗겨져 팬의 수명이 단축된다. 간단한 조리 후에는 가열해 키친타월로 가볍게 닦아낸다.

볶음·구이·조림·소스 ⇒ 웍

볶음요리할 때 웍을 활용하면 재료가 많아도 공간이 여유로워 고르게 볶을 수 있다.

TIP 얇은 웍은 불에 잘 달구어져 강한 화력으로 빠르게 조리할 수 있지만 음식이 팬에 달라붙기 쉽다. 미리 기름을 넉넉히 둘러 표면을 코팅한다.

그릴구이·오븐구이·스튜 ⇒ 무쇠팬

두꺼운 고기는 무쇠팬을 충분히 달군 뒤 구우면 육즙이 빠지지 않고 맛있게 구워진다. 잘 식지 않아 팬째 테이블에 내면 먹는 내내 따뜻하게 즐길 수 있다.

TIP 무쇠팬이나 그릴 모양이 있는 무쇠팬에 고기를 구울 때는 센 불에서 충분히 예열한 뒤 기름으로 코팅해 구워야 고기가 눌러 붙지 않고 그릴 모양이 선명해 먹음직스럽다.

찜·조림·국·찌개 ⇒ 냄비

냄비는 데치거나 삶는 용도 이외에도 찜이나 조림 등에 다양하게 활용된다. 찜, 조림 등에는 뚜껑이 있는 냄비를 사용하는 것이 좋다.

TIP 조리법이나 메뉴에 따라 냄비의 크기와 종류를 달리한다. 전골류는 재료가 고루 드러나도록 입구가 넓은 냄비를, 찜은 찜기가 충분히 들어갈 수 있는 깊이의 냄비를 사용한다.

한우 vs 육우 vs 젖소

국내 유통되는 소고기는 크게 국내산과 수입산으로
나뉩니다. 국내산은 한우(암소, 거세우, 수소), 육우,
젖소가 있는데 맛으로 따진다면 토종 품종인 한우가
제일로 꼽히지요. 그 뒤를 육우와 젖소가 잇습니다.
육우는 식용을 목적으로 생산되는 품종으로 대부분 젖소
수소입니다. 국내에서 6개월 이상 사육된 수입 소도 '육우'
에 해당되지요. 젖소는 송아지를 낳은 뒤 우유 생산을
주목적으로 사육되는 소입니다. 수입산은 미국산, 호주산,
뉴질랜드산이 국내에 유통 중입니다.

소고기 조리 팁

소고기는 숙성된 냉장육으로 즐기는 게 가장 맛나지요.
바로 구워 먹을 요량이라면 올리브유와 허브로 밑간해
냉장실에 1~2시간 두어 숙성시켜주세요. 냉동육은 전날
냉장실에서 밀봉 상태로 자연 해동하는 게 가장 좋습니다.
곧장 찬물에 담가 녹여야 한다면 다진 고기는 1시간, 자른
고기는 2~3시간, 덩어리 고기는 5시간 이상의 시간이
필요합니다.

소고기로 만든 반찬

남녀노소 누구나 좋아하는 소고기, 특히 한우의 인기는 하늘을
찌르지요. 부드럽고 육즙이 많아 아이들이 태어나 가장 먼저
이유식으로 맛보는 고기이기도 합니다. 50여 가지에 이르는 다양한
부위별로 그 맛도 제각각이라 즐길 수 있는 요리도 많답니다.

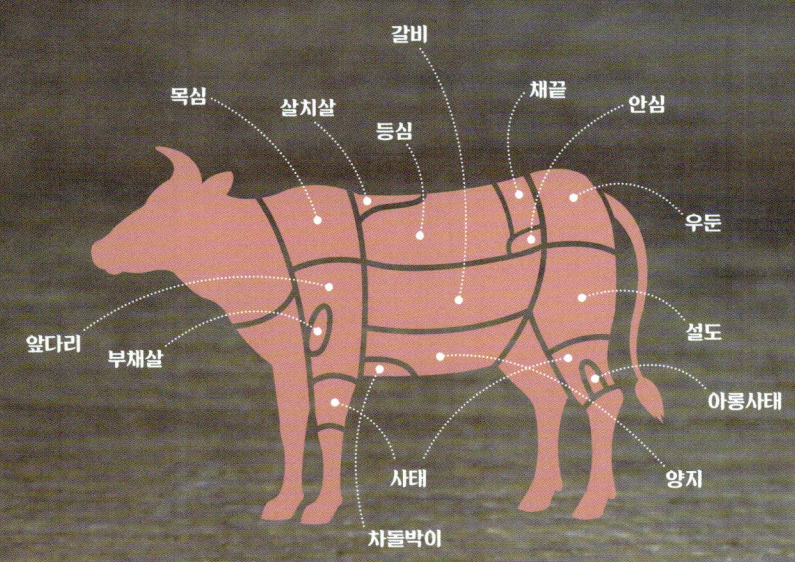

갈비
목심 살치살 등심 채끝 안심
우둔
앞다리 부채살 설도
아롱사태
사태 양지
차돌박이

Cuts of Beef

소고기 + 부위 선택

참고 국가표준식품성분표 제9개정판/한우 1등급 100g 기준

등심살

단백질 함유량 ⇒ 17.76g 꽃등심살 기준
칼로리 ⇒ 319kcal 꽃등심살 기준
조리 ⇒ 구이, 스테이크

등심살은 소의 가슴등뼈를 중심으로 양쪽으로 길게 붙어 있는 부분입니다. 윗등심살, 꽃등심살, 아랫등심살에 이어 끝쪽 허리부분의 등심근을 채끝이라 부르지요. 등심살과 채끝살은 지방이 고르게 퍼져 있어 구웠을 때 풍미가 뛰어나고 부드럽습니다. 풍미와 육질이 부드러운 부위이므로 단기간 내에 소비하는 것이 좋아요. 한 덩이씩 개별로 밀폐해 보관합니다.

안심살

단백질 함유량 ⇒ 19.17g
칼로리 ⇒ 193kcal
조리 ⇒ 구이, 스테이크, 전골

소고기 중 가장 풍미가 좋은 부위로 허리등뼈 끝 쪽 복강 안쪽의 근육입니다. 기름기가 적고 살코기가 부드럽지요. 씹히는 맛이 좋아 스테이크 등의 고급 요리의 재료로 많이 활용되는데 마블링이 적어 오래 구우면 금세 질겨집니다. 안심살을 구울 때 동그란 모양을 흐트러지지 않게 유지하고 싶다면 옆면을 요리용 실로 한 번 묶어주세요.

[POINT] 구이용은 핏물 제거부터

등심살은 구입 후 곧장 키친타월에 올려 핏물을 제거한 뒤 냉장보관한다.

[POINT] 양념에 재워 육즙 손실 줄이기

구이용은 허브와 올리브유를 발라 냉장실에 3~4시간 두어 숙성시키면 맛이 더욱 좋다.

살치살

단백질 함유량 ⇒ 16.68g
칼로리 ⇒ 303kcal
조리 ⇒ 구이, 전골

살치살은 윗등심 앞부분의 근육 부분으로 지방이
고르게 퍼져 있어 풍미가 좋고 매우 부드럽습니다.
소고기 부위 중 마블링이 가장 많고 육즙이 풍부해
주로 생고기 구이로 추천하는 부위이지요. 고기 결이
부드러워 아이들도 좋아한답니다. 지방질이 많아 쉽게
변질될 수 있으니 덩어리가 아닌 경우 빠른 시간 내
소비하세요.

부채살

단백질 함유량 ⇒ 20.70g
칼로리 ⇒ 253kcal
조리 ⇒ 구이, 볶음, 스튜

'서대살', '낙엽살'이라고도 불리는 부채살은 앞다리의
일부로 근육이 발달해 식감이 쫀득합니다. 마블링과
근육 사이사이의 얇은 힘줄이 마치 부챗살을 펼친 것
같다해 붙여진 이름이지요. 자잘한 힘줄이 씹는 식감을
높여주는데 종종 싫어하는 아이들이 있지요. 그럴 땐
미리 칼로 힘줄을 끊어 조리하면 부드럽게 즐길 수
있어요.

[POINT] 냉장숙성 후 구이로 활용

소고기 부위 중 마블링이 가장 풍부해 구이로 섭취한다.
별다른 전처리 없이 바로 구워도 부드럽다.

[POINT] 질긴 힘줄부터 제거하기

가운데 하얗고 투명한 힘줄이 있을 때는
이 부분을 제거해야 질기지 않다.

우둔살

단백질 함유량 ⇒ 23.08g
칼로리 ⇒ 155kcal
조리 ⇒ 육포, 육회, 산적, 장조림, 스튜

'볼기살'로도 불리는 우둔살은 소의 뒷다리의 넓적다리 안쪽에 위치해 지방이 거의 없는 살코기입니다. 덩어리가 커서 조금씩 차이는 육질의 있지만 비교적 연하고 담백하지요. 다소 질긴 부위라 장조림처럼 장시간 익혀야 부드러워져요. 다른 부위에 비해 단백질 비율이 높습니다.

사태

단백질 함유량 ⇒ 24.04g 뭉치사태 기준
칼로리 ⇒ 137kcal 뭉치사태 기준
조리 ⇒ 장조림, 찜, 국, 수육, 육회

사태는 앞다리와 뒷다리의 무릎 위쪽으로 근육양이 많아 질긴 부위지만 오래 익히면 부드럽고 쫄깃한 맛이 나지요. 특히 뒷다리 쪽의 아롱사태는 육즙까지 풍부해 육회나 편육으로도 요리합니다. 찬물에 1~2시간 담가 핏물 제거 후 사용해야 누린내가 나지 않습니다.

[POINT] 덩어리 고기는 근막 제거부터

큰 고기 덩어리인 우둔살은 먼저 고기를 둘러싼 근막을 제거해야 질기지 않다. .

[POINT] 사태는 직각 방향으로 썰어야

근육이 발달해 질기므로 피막을 제거한 다음 결의 직각 방향으로 썰어야 육질이 부드럽다.

갈비

단백질 함유량 ⇒ 16.94g 본갈비 기준
칼로리 ⇒ 297kcal 본갈비 기준
조리 ⇒ 구이, 찜, 탕

소 한 마리에는 총 13개의 갈비뼈가 있는데 총 4가지
부위로 나뉘지요. 1~5번 갈비뼈는 본갈비, 6~8번
갈비뼈는 꽃갈비, 9~13번 갈비뼈를 참갈비라고 합니다.
맛이 좋기로는 꽃갈비가 손꼽히고, 참갈비는 갈비탕에
적당합니다. 구이용으로 즐겨 찾는 갈비살은 뼈에서
살코기만 골라낸 것으로 '녹간살'이라고도 불립니다.

[POINT] 굵은 힘줄은 제거 후 요리

미리 지방과 굵은 힘줄을 제거하고 찬물에 1~3시간 담가
핏물을 제거한 뒤 요리한다.

목심살

단백질 함유량 ⇒ 21.60g
칼로리 ⇒ 180kcal
조리 ⇒ 불고기, 샤브샤브, 국

소의 목덜미 위쪽, 등심 앞쪽을 일컫는 목심살은
운동량이 많은 부위로 지방이 적고 살코기가 많습니다.
씹을수록 식감이 좋아 얇게 썰어 불고기감이나
샤브샤브용으로 쓰이지요. 한 장씩 익혀 먹는
샤브샤브용 고기는 냉동보관 시 서로 들러붙지 않도록
넓게 펴서 랩을 겹쳐 차곡차곡 쌓아 보관합니다.

[POINT] 얇은 고기는 키친타월에 올려 핏물 제거

불고기감과 샤브샤브용은 육즙이 쉽게 빠지므로
키친타월에 올려 핏물을 제거한다.

For Beef

소고기
+기본 소스

별다른 준비 없이 배고픈 아이를 맞이해야 할 때는 기본 소스부터 챙기세요. 양념 칸에 있는 조미료 몇 가지로도 간단한 소고기 요리를 만들 수 있어요. 미리 소스를 만들어 숙성시키면 더 맛있게 즐길 수 있답니다.

재료(600g 기준)
양조간장 6큰술,
양파즙·배즙 3큰술씩,
맛술·설탕 2큰술씩,
다진 마늘 1큰술,
참기름 1/2큰술,
후춧가루 1/4작은술

불고기소스

누구나 좋아하는 소스로 소고기 요리에 잘 어울리지요. 소스에 배, 사과, 파인애플 등의 과일을 넣으면 고기의 연육작용을 도와 육질이 부드러워집니다. 다만 열을 가하면 효소가 파괴되니 재울 때 사용하는 것이 좋아요.

TIP

과일즙은 얼음 틀에 넣어 냉동
고기요리의 감초 같은 과일즙. 매번 조금씩 갈아 넣기가 번거롭지요. 한 번에 갈아 얼음 틀에 넣어 소분해 얼려두면 언제고 사용하기 편리해요.

재료
마요네즈 5큰술,
참깨 간 것·설탕·물 2큰술씩,
양조간장·식초 1/2큰술씩

재료
토마토다이스 1캔(400g),
양파 1개, 올리브유 3큰술,
다진 마늘 1큰술,
설탕 1/2큰술,
소금 1작은술,
오레가노 1/2작은술

토마토소스

이탈리아식 토마토소스입니다. 한 번에 많은 양을
만들어 소분해 얼려두면 각종 고기요리나 파스타,
피자 등에 활용할 수 있지요. 토마토다이스로 만들면
편해요.

만드는 법
1 양파는 잘게 다진다.
2 냄비에 올리브유를 두르고 다진 마늘과 다진 양파를
볶는다.
3 양파가 투명해지면 토마토다이스를 붓고 설탕, 소금,
오레가노를 더해 끓인다.
4 끓어오르면 약한 불로 낮춰 20분 이상 뭉근히 끓여
믹서나 푸드프로세서를 이용해 간다.

참깨소스

고소한 참깨를 듬뿍 넣어 만든 소스예요. 샤브샤브나
월남쌈 등 간이 슴슴한 소고기 요리에 잘 어울리지요.
마요네즈와 깨소금이 들어가 오래 두고 먹긴 어려우니
2~3회 분량만 만들어 일주일 이내에 소비하세요.

 TIP

깨는 사용 직전에 갈아 써야
깨는 미리 갈아두면 고소한
향이 날아가고 쉽게
눅눅해져요. 절구를 주방
한편에 두고 필요할 때마다
수시로 갈아줘요.

소고기 + 베이스 만들기 : 미트소스

Beef Base

파스타 등 서양 요리에 즐겨 쓰는 소스예요. 미트소스를 만들 때는 오랜 시간 뭉근히 끓여야 깊은 맛이 우러나니 충분한 시간을 두고 만드세요. 예고 없이 아이들이 파스타를 찾을 때 면만 삶아 바로 버무려 내면 근사한 미트소스파스타가 뚝딱 완성되어요.

※ 밑재료 4인 기준, 각 활용요리 2인 기준

재료 소고기 다짐육 500g, 베이컨 2줄, 양파 1개, 당근 1/2개, 샐러리 1대, 레드와인 1/2컵, 올리브유 3큰술, 다진 마늘 1큰술, 소금 1작은술, 후춧가루 1/4작은술
양념 토마토다이스 1캔(400g), 토마토페이스트·설탕 1큰술씩, 오레가노 1/4작은술, 월계수잎 1장

만드는 법
1 베이컨, 양파, 당근, 샐러리는 잘게 다진다.
2 냄비에 올리브유를 두르고 다진 마늘을 볶다가 센 불에서 ①을 넣고 채소가 무를 때까지 볶는다.
3 중간 불에서 소고기 다짐육과 소금, 후춧가루를 더해 볶다가 고기가 익으면 레드와인을 붓고 센 불로 끓여 잡냄새를 제거한다.
4 ③에 분량의 양념 재료를 넣고 약한 불에서 30분 이상 뭉근하게 끓인다.
5 완성된 미트소스는 한 번 먹을 분량씩 나누어 밀폐용기나 위생백에 담아 냉동보관한다.

[미트소스]

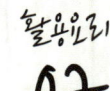

활용요리
01

활용요리
02

활용요리
03

라자냐

미트소스와 라자냐 면으로 쉽게
만드는 메뉴예요. 면과 미트소스를
서너 번 반복해 겹치는데
시금치 등의 채소를 살짝 데쳐
리코타치즈에 버무려 한 층씩
번갈아 쌓은 뒤 오븐에 구워도
맛나요.

고기감자파이

미트소스를 활용해 만든
셰퍼드파이입니다. '양치기의 파이'
로도 불리는 셰퍼드파이는 다진
양고기를 채소와 볶아 그 위에
으깬 감자를 올려 구워낸 파이지요.
오늘은 양고기 대신 소고기로
만들었어요.

채소구이덮밥

미트소스는 각종 파스타와 구운
채소에 잘 어울리지요. 구우면 더욱
맛깔스러운 가지, 호박 등을 밥에
올리고 미트소스를 더하면 한 끼
식사로 그만입니다. 미트소스를
넣고 쓱쓱 비벼 보세요. 비빔밥처럼
든든해요.

미트소스 활용요리

라자냐 01

재료 냉동 미트소스 2컵, 슈레드치즈 1컵, 라자냐 면 3장, 굵은소금 1큰술

만드는 법
1 냉동 미트소스는 미리 꺼내 해동한다.
2 팔팔 끓는 물 1리터에 굵은소금을 넣고 라자냐 면을 7분간 삶는다. 미트소스가 묽을 경우 면을 삶지 않고 바로 사용한다.
3 오븐 용기에 해동한 미트소스를 1/2컵 깔고 삶은 라자냐 면으로 덮는다. 이 과정을 3번 반복한다.
4 미트소스를 한 번 더 올리고 슈레드치즈를 뿌린 뒤 쿠킹호일을 덮는다.
5 200℃로 예열한 오븐에서 15분간 굽다가 호일을 제거하고 5분 더 구워 완성한다.

고기감자파이 02

재료 냉동 미트소스 2컵, 감자 3개, 삶은 완두콩 1/2컵, 우유 3큰술, 우스터소스·버터 1큰술씩, 소금 1/4작은술, 후춧가루 1/8작은술

만드는 법
1 냉동 미트소스는 미리 꺼내 해동한다.
2 감자는 껍질을 벗기고 삶아 으깬 뒤 우유, 버터, 소금, 후춧가루를 넣고 섞는다.
3 해동된 미트소스에 삶은 완두콩과 우스터소스를 넣고 저은 뒤 오븐용기에 펼쳐 담는다.
4 ③에 양념한 으깬 감자를 올려 190℃로 예열한 오븐에서 25~30분간 겉면이 노릇하게 익도록 굽는다.

채소구이덮밥 03

재료 냉동 미트소스 2컵, 밥 2공기, 가지 1/2개, 주키니호박 1/3개, 새송이버섯 2개, 마늘 10쪽, 올리브유 2큰술, 소금 1/3작은술, 후춧가루 약간

만드는 법
1 냉동 미트소스는 미리 꺼내 해동한 뒤 팬에 볶는다.
2 가지와 주키니호박, 새송이버섯은 한입크기로 썰어 마늘과 함께 올리브유, 소금, 후춧가루를 넣고 버무린다.
3 달군 팬에 ②의 밑간한 재료를 굽는다.
4 밥 위에 볶은 미트소스를 올리고 구운 채소를 올린다.

소고기 + 베이스 만들기
: 불고기 양념육

누구나 좋아하는 한식 대표메뉴인 불고기. 미리 재워 소분해 얼려두면 밥과
빵 등 다양한 요리로 즐길 수 있지요. 처음부터 채소를 함께 재우면 물러지니
고기만 재워 얼렸다가 먹기 직전에 채소를 넣고 볶아주세요. 채소 넣을 것을
감안해 간을 조금 세게 해두는 것도 요령이지요. 취향에 따라 간장의 양을
조절하세요.

※ 밑재료 4인 기준, 각 활용요리 2인 기준

재료 소고기 불고기감 600g
불고기 양념 양조간장 6큰술, 양파즙·배즙 3큰술씩,
맛술·설탕 2큰술씩, 다진 마늘 1큰술, 참기름 1/2큰술,
후춧가루 1/4작은술

만드는 법
1 불고기감은 길이대로 2~3등분하여 먹기 좋은 크기로
자른다.
2 분량의 불고기 양념 재료를 한데 섞는다.
3 손질한 고기는 양념을 넣고 조물조물해 냉장실에 30분
이상 두어 양념이 배어들게 숙성시킨다.
4 재운 고기는 1인 기준 150g 정도씩 나누어 밀폐용기나
위생백에 넣어 냉동보관한다.

〔 불고기 양념육 〕

활용요리
01

활용요리
02

활용요리
03

버섯그릴샌드위치

불고기는 여러모로 활용도가
높지요. 국물이 거의 없도록 센 불에
빠르게 졸여 치즈를 듬뿍 넣으면
샌드위치 속재료로 활용하기
좋답니다. 아이가 좋아한다면
아삭한 양상추를 넣어도 맛나요.

불고기꽈리고추볶음

양파, 당근 등의 채소 대신
꽈리고추를 불고기에 넣었습니다.
색다른 맛과 향이 묻어나지요.
꽈리고추 외에 살짝 데친
마늘종이나 피망도 불고기와
잘 어울려요.

불고기버섯전골

불고기를 그냥 구워 먹어도 좋지만
국물이 자작한 전골로 즐겨보세요.
고기 자체에서 맛이 우러나 별도의
육수가 필요 없답니다. 온가족이
모여 든든한 한 끼를 나누기 좋아요.

불고기 양념육 활용요리

01

버섯그릴샌드위치 01

재료 냉동 불고기 양념육 100g, 샌드위치용 빵(식빵 또는 치아바타) 2개, 느타리버섯 50g, 슈레드치즈 1/2컵, 마요네즈 2큰술, 식용유 적당량, 소금·후춧가루 약간씩

만드는 법
1 냉동 불고기 양념육은 미리 꺼내 밀봉한 그대로 해동시킨다.
2 ①의 양념을 살짝 털고 달군 팬에 물기가 남지 않도록 볶는다.
3 달군 팬에 식용유를 두르고 느타리버섯을 재빨리 볶은 뒤 소금과 후춧가루로 간한다.
4 빵 한쪽 면에 마요네즈를 바른다.
5 ④에 볶은 불고기와 버섯, 치즈를 올려 다른 빵으로 덮고 그릴팬에 양면이 노릇하게 굽는다.

불고기버섯전골 03

재료 냉동 불고기 양념육 300g, 당면 한 줌, 느타리버섯 100g, 표고버섯 2개, 새송이버섯 1개, 대파 1/4대, 국간장 1큰술, 물 2컵

만드는 법
1 냉동 불고기 양념육은 미리 꺼내 밀봉한 그대로 해동시킨다.
2 당면은 미지근한 물에 담가 10분간 불린다.
3 느타리버섯은 밑동을 제거하고 표고버섯은 기둥을 떼 채썰고 새송이버섯은 세로로 2등분해 채썬다.
4 대파는 5cm 정도 길이로 잘라 2~3등분한다.
5 전골팬에 해동한 불고기 양념육과 각종 버섯, 대파를 둘러 담고 분량의 물을 부어 센 불에서 끓인다. 국간장으로 간한다.

불고기꽈리고추볶음 02

재료 냉동 불고기 양념육 200g, 꽈리고추 20개, 통깨 1작은술, 참기름 1/2작은술

만드는 법
1 냉동 불고기 양념육은 미리 꺼내 밀봉한 그대로 해동시킨다.
2 꽈리고추는 꼭지를 떼 2등분한다.
3 달군 팬에 해동된 불고기 양념육을 볶다가 반쯤 익으면 꽈리고추를 넣고 같이 볶는다.
4 참기름과 통깨를 뿌려 마무리한다.

02

03

Beef
Base

소고기 + 베이스 만들기
: 채소 다짐육

다진 고기에 각종 채소와 양념을 섞은 채소 다짐육은 쓰임새가 다양하지요. 원하는
모양으로 빚어 유산지 위에 올려 서로 붙지 않게 얼린 뒤 먹기 직전에 해동해
요리하세요. 미트볼용은 30g씩 덜어 동글게 뭉쳐 밀가루에 한 번 굴려 옷을 입힌 뒤
지퍼백이나 편평한 용기에 넣어 냉동보관하고, 함박스테이크나 햄버거용은 100g씩
덜어 동글납작하게 빚어 냉동보관합니다.

※ 밑재료 4인 기준, 각 활용요리 2인 기준

재료 소고기 다짐육 400g, 양파 1개, 당근 1/2개,
빵가루 1/2컵, 우유 2큰술, 우스터소스 1큰술, 식용유 1/2큰술,
다진 마늘 1작은술, 소금 1/2작은술, 후춧가루 1/8작은술

만드는 법
1 양파와 당근은 잘게 다진다.
2 팬에 식용유를 두르고 ①을 넣어 물기가 없어질 때까지
볶는다.
3 볼에 소고기 다짐육과 볶은 양파와 당근, 남은 재료를 모두
넣어 10분 이상 충분히 치댄다 .
4 용도에 따라 미리 성형해 서로 붙지 않도록 유산지를 사이에
깔아 랩으로 감싸 냉동보관한다.

〔 채소 다짐육 〕

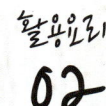

활용요리
01

함박스테이크

함박스테이크용 패티는 굽는
도중에 가운데가 부풀어 오르니
성형 시 가운데를 살짝 움푹하게
눌러주세요. 약한 불에서 뚜껑을
덮고 속까지 익히거나, 겉면만
팬에서 굽고 오븐에서 익혀야 고루
잘 익어요.

활용요리
02

토마토미트볼조림

부드럽게 씹히는 미트볼을
새콤달콤한 토마토소스에 졸인
요리예요. 후기 이유식 단계부터
아이들에게 자주 만들어주었지요.
그대로 반찬으로 먹어도 좋고,
소스를 넉넉히 넣어 파스타를 삶아
미트볼과 함께 버무려도 맛있어요.

활용요리
03

미니햄버거

채소 다짐육을 동그랗게 성형하면
햄버거 패티로 활용 가능합니다.
모닝빵으로 작은 사이즈의 햄버거를
만들면 아이들이 먹기 좋아요.
토마토케첩만 넣어도 맛있지만
바비큐소스에 양파를 볶아 넣으면
햄버거에 감칠맛을 더해줍니다.

채소 다짐육 활용요리

함박스테이크 ⁰¹

재료 냉동 채소 다짐육 200g, 양파 1/4개, 양송이버섯 2개, 버터 1큰술, 식용유 적당량
소스 돈가스소스·물 3큰술씩, 토마토케첩 2큰술, 흑설탕·물엿 1큰술씩, 양조간장 1/2큰술, 후춧가루 약간

만드는 법
1 가운데가 움푹 들어가게 성형한 스테이크용 냉동 채소 다짐육을 꺼내 해동한다.
2 달군 팬에 식용유를 두르고 해동한 채소 다짐육을 올려 각 면을 1분씩 구운 뒤 뚜껑을 덮고 약한 불에서 속까지 익힌다.
3 양파와 양송이버섯은 채썰어 버터를 녹인 팬에 볶는다.
4 양파가 투명해지기 시작하면 분량의 소스 재료를 넣고 약한 불에서 3분 정도 졸여 스테이크와 함께 낸다.

토마토미트볼조림 ⁰²

재료 냉동 채소 다짐육 200g, 피망 1개, 양파 1/2개, 토마토소스 2컵, 파마산치즈 간 것 1/2컵, 식용유·올리브유 1큰술씩, 소금 1/3작은술, 밀가루·후춧가루 약간씩

만드는 법
1 미트볼용 냉동 채소 다짐육을 꺼내 해동 후 밀가루에 한 번 굴린다.
2 달군 팬에 식용유를 두르고 ①을 올려 노릇하게 겉면을 익힌 뒤 오븐 팬으로 옮겨 190℃로 예열한 오븐에서 10분간 조리해 속까지 익힌다.
3 피망과 양파는 사방 2cm 내로 썰어 달군 팬에 올리브유를 두르고 볶아 소금과 후춧가루로 간한다.
4 양파가 투명해지면 토마토소스와 ②의 미트볼을 넣고 약한 불에서 5분간 졸인다.
5 접시에 담고 파마산치즈 간 것을 뿌린다.

01

02

03

미니햄버거 03

재료 냉동 채소 다짐육 200g, 햄버거 빵 2개, 토마토 1/개,
양파 1/2개, 양상추 3~4장, 슬라이스치즈 2장,
오이피클 8~10개, 시판 바비큐소스 3큰술,
마요네즈 2큰술, 소금·후춧가루·식용유 약간씩

만드는 법
1 패티용 냉동 채소 다짐육을 꺼내 해동한 뒤 가운데를 살짝
눌러준다.
2 달군 팬에 식용유를 두르고 ①을 올려 약한 불에서 속까지 익힌다.
3 토마토와 양파는 링 모양으로 썬다.
4 햄버거 빵은 마른 팬에 안쪽 면만 살짝 구운 뒤 마요네즈를 바른다.
5 달군 팬에 식용유를 두르고 양파를 볶다가 양파가 물러지면
바비큐소스와 소금, 후춧가루를 넣어 볶는다.
6 빵 위에 고기 패티···치즈···볶은 양파···토마토···오이피클···
양상추 순으로 올린 뒤 빵을 덮는다.

소고기 + 베이스 만들기 : 사골육수

Beef Base

날이 쌀쌀해지기 시작하면 마치 김장이라도 하듯 온종일 사골을 팔팔 끓입니다. 뽀얗게 푹 곤 사골육수를 냉동실에 소분해 쟁여두면 마치 겨우내 식량을 비축해놓는 것마냥 든든하지요. 전날 밤 냉장실로 옮겨두면 아침 한 끼 걱정이 없답니다. 마땅한 국이 없는 날이면 우거지를 넣고 우거지국을 끓여도 그 맛이 일품이에요.

※ 밑재료 10인 이상, 각 활용요리 2인 기준

재료 소고기 사골 2kg,
소고기 양지 또는 사태 300g

만드는 법

1 사골은 깨끗이 씻어 큰 볼에 담고 사골이 잠길 만큼의 찬물을 붓는다. 중간중간 물을 갈아 반나절 이상 핏물을 뺀다.

2 넉넉한 냄비에 사골이 잠길 정도의 물을 붓고 한 번 끓인다. 끓으면 물을 따라 버리고 냄비와 사골을 찬물에 한 번 씻은 뒤 냄비에 담는다. 물을 충분히 잠길 정도로 붓고 뚜껑을 덮어 3시간 이상 뭉근히 끓인다.

3 불을 끄기 1시간 전에 국거리용 고기를 넣어 함께 끓인다.

4 뽀얗게 우러난 국물을 따로 덜어두고 고기는 건져 잘게 찢어준다.

5 한 번 국물을 우린 뼈를 냄비에 담고 물을 뼈가 충분히 잠길 정도로 부어 다시 3시간 이상 끓인다.

6 첫 번째 우린 국물과 두 번째 우린 국물을 섞어 식힌다. 국물은 패트병이나 육수용 지퍼백에 넣어 얼리고 고기는 한 끼 분량씩 랩핑하거나 밀폐하여 냉동보관한다.

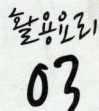

〔 사골육수 〕

활용요리
01

활용요리
02

활용요리
03

사골칼국수

쌀쌀한 날씨에는 멸치나
조개육수보다 사골육수로 끓인
칼국수가 더 당기지요. 소금
간으로도 충분해요. 어른들은
고춧가루와 다진 마늘로 맛을 낸
양념 간장으로 얼큰하게 즐기세요.

사골우거지국

우거지국은 고기 건더기가 조금
있어야 씹는 맛이 좋습니다.
사골육수를 얼릴 때 같이 삶은
고기를 따로 얼려두면 쓰임새가
좋아요. 우거지와 콩나물이 더해져
맛이 일품입니다.

사골떡국

사골육수에 떡을 넣고 국간장이나
소금으로 간해 끓이면 손쉽게
떡국을 만들 수 있어요. 취향에 따라
구운 김이나 달걀, 파 등의 고명을
더해도 좋습니다. 아이들 아침
메뉴로 제격이에요.

사골육수
활용요리

01

02

03

사골칼국수 *01*

재료 냉동 사골육수 4컵, 물 2컵, 칼국수 면
2인분(300g), 당근·애호박 1/3개씩, 삶은 고기
적당량, 국간장 1큰술, 다진 마늘 1/2큰술, 소금
1작은술, 식용유·소금·후춧가루 약간씩

만드는 법
1 냉동 사골육수는 미리 꺼내 해동한다.
2 당근과 애호박은 각각 채썬다.
3 채썬 당근과 애호박을 달군 팬에 식용유를
둘러 소금과 후춧가루로 간해 각각 볶는다.
4 냄비에 해동한 사골육수와 물을 붓고 끓인다.
5 육수가 끓으면 칼국수 면을 넣고 익힌다.
6 다진 마늘과 국간장을 넣고 한 번 더 끓인 뒤
소금으로 간해 그릇에 담는다. 볶은 채소와 삶은
고기를 고명으로 올린다.

사골우거지국 *02*

재료 냉동 사골육수 4컵, 삶은 고기 100g,
데친 우거지 한 줌(200g), 콩나물 한 줌(100g),
대파 1대, 국간장 1큰술, 굵은소금 약간
우거지 양념 된장 1과1/2큰술,
다진 마늘·고춧가루 1큰술씩, 참기름 1작은술

만드는 법
1 냉동 사골육수는 미리 꺼내 해동한다.
2 데친 우거지는 분량의 양념을 넣어 버무린다.
3 대파는 길이로 반 갈라 3~4cm 길이로
자른다.
4 냄비에 양념한 우거지와 해동한 사골육수,
대파를 넣어 10분간 끓인다.
5 우거지가 부드러워지면 삶은 고기와
콩나물을 넣고 한소끔 더 끓인다.
6 국간장과 굵은소금으로 간한다.

사골떡국 *03*

재료 냉동 사골육수 5컵, 떡국 떡 400g, 삶은
고기 적당량, 구운 김 1장, 달걀 1개, 국간장 1큰술,
소금 1작은술, 후춧가루 약간

만드는 법
1 냉동 사골육수는 미리 꺼내 해동한다.
2 떡국 떡은 물에 30분 이상 불린다.
3 냄비에 해동한 사골육수를 넣고 끓인다.
4 육수가 끓으면 떡국 떡을 넣고 국간장, 소금,
후춧가루를 넣어 끓인다.
5 떡이 말랑하게 익어 떠오르면 삶은 고기를
넣어 한소끔 더 끓인다.
6 달걀은 노른자와 흰자를 분리해 지단을 부친
뒤 채썬다.
7 구운 김을 잘라 달걀 지단과 같이 고명으로
올린다.

부위별 요리
다짐육

견과류떡갈비

아이들이 좋아하는 떡갈비예요. 떡은 다져서 반죽에 넣거나 동그랗게
잘라 떡갈비 가운데 넣기도 하는데 오늘은 긴 모양 그대로 넣었어요.
여기에 영양이 풍부한 견과류를 다져 넣어 고소함을 더했지요.
아이들에게 견과류를 먹일 수 있는 반찬으로도 좋아요.

재료 소고기 다짐육 400g, 가래떡 4줄(8cm 길이), 호두 5~6알, 잣 3큰술,
식용유 적당량
고기 양념 배즙 2큰술, 다진 마늘·다진 파(흰 부분)·찹쌀가루·양조간장·설탕
1큰술씩, 후춧가루 약간
바르는 양념 양조간장·꿀 1큰술씩, 참기름 1작은술, 후춧가루 약간
떡 유장 양조간장·참기름 1작은술씩

만드는 법

1 가래떡은 길이대로 2등분하여 유장 양념을 넣고 버무린다.
2 호두와 잣은 키친타월이나 유산지를 깔고 잘게 다진다.
3 볼에 소고기 다짐육과 다진 견과류, 분량의 고기 양념을 넣고 섞어 10분간
충분히 치댄다.
4 ③의 반죽을 8등분하여 동그랗고 납작하게 모양을 빚은 뒤 가래떡을 하나씩
올려 감싼다.
5 달군 팬에 식용유를 두르고 중간 불에 떡갈비를 올려 굴려가며 노릇하게
익힌다.
6 노릇노릇 익으면 바르는 양념을 준비해 붓으로 발라가며 한 번 더 구워낸다.

깻잎소고기전

명절상에 올리는 깻잎소고기전을 반찬으로 준비했어요. 다짐육으로 만들어 아이들도
먹기 좋지요. 과정이 번거롭다면 미리 속재료를 만들어 얼렸다가 사용하세요. 깻잎에
싸서 달걀물만 입혀 바로 구워내면 됩니다.

- -

재료 깻잎 10장, 밀가루 1컵, 달걀 2개, 소금·식용유 약간씩
속재료 소고기 다짐육 200g, 두부 1/2모, 양파 1/2개, 당근 1/3개, 부추 한 줌(20g),
다진 마늘·양조간장·맛술 1/2큰술씩, 후춧가루 약간

만드는 법

1 속재료를 준비한다. 두부는 면포에 싸 물기를 꼭 짠 뒤 칼등으로 으깨고 양파, 당근, 부추는 잘게
다진다.
2 볼에 ①과 속재료의 재료를 모두 넣고 치댄다.
3 깻잎은 씻어 물기를 제거한 뒤 앞뒤로 밀가루를 묻힌다.
4 달걀은 소금을 넣어 풀어준다.
5 깻잎의 반쪽에 ②의 속재료를 얹고 깻잎을 반 접는다.
6 ⑤에 달걀물을 입힌 뒤 달군 팬에 식용유를 두르고 앞뒤로 노릇하게 구워낸다.

부위별 요리
다짐육

소고기무나물

아이들 이유식 때부터 자주 해주던 나물요리입니다. 익을수록 달큰해지는 무에
고소한 들기름 향까지 돌아 아이들은 물론 온가족이 찾는 반찬이지요. 성장기
아이라면 고기 양을 늘려 든든한 고기반찬으로 만들어보세요. 넉넉하게 만들어
밥에 올려 덮밥이나 비빔밥으로 즐겨도 좋답니다.

- -

재료 소고기 다짐육 150g, 무 1/4개(200g), 쌀뜨물 1/2컵, 깨소금 2큰술, 들기름 1큰술, 소금 1작은술
고기 밑간 양조간장·맛술 1작은술씩, 다진 마늘·참기름 1/2작은술씩, 후춧가루 약간

만드는 법

1 소고기 다짐육은 분량의 양념을 넣어 밑간한다.
2 무는 너무 얇지 않게 0.4cm 정도의 두께로 채썬다.
3 팬에 밑간한 다짐육을 넣고 약한 불에서 볶다가 익을 때쯤 채썬 무와 들기름을 넣어 볶는다.
4 쌀뜨물과 소금을 넣은 뒤 뚜껑을 닫고 약한 불에서 10분간 무가 무를 때까지 익힌다.
5 깨소금을 뿌려 마무리한다.

부위별 요리
다짐육

소고기두부조림

자주 먹는 두부조림에 소고기 다짐육을 넣어 씹는 맛을 더했어요.
조림 양념으로 짭조름하게 졸여 밥반찬으로도 그만이지요. 참기름 한 방울과
김가루를 뿌려 밥과 함께 비벼 먹어도 한 그릇 뚝딱입니다.

- -

재료 소고기 다짐육 150g, 두부 1모(300g), 통깨 1큰술, 소금·식용유 약간씩
고기 밑간 양조간장·맛술 1작은술씩, 다진 마늘·참기름 1/2작은술씩, 후춧가루 약간
조림 양념 양조간장 2큰술, 맛술·설탕 1큰술씩, 참기름 1작은술

만드는 법
1 두부는 1cm 두께의 주사위 모양으로 썰어 키친타월에 올려 물기를 제거한다.
2 소고기 다짐육은 분량의 양념을 넣고 밑간한다.
3 달군 팬에 식용유를 두르고 두부와 소금을 넣고 노릇하게 구워 그릇에 덜어둔다.
4 같은 팬에 밑간한 다짐육을 넣고 볶는다.
5 고기가 익으면 구운 두부와 조림 양념을 넣고 끓여 통깨를 뿌려 마무리한다.

부위별 요리
다짐육

소고기마늘종볶음밥

반찬이 마땅히 없는 날에는 볶음밥을 자주 해먹어요. 요리에 즐겨 넣지
않던 채소들도 볶음밥에 넣으면 의외로 조화롭답니다. 마늘종도 살짝 데쳐
볶으면 알싸한 맛은 줄어들고 부드러워져 아이들도 맵지 않게 먹을 수
있어요.

- -

재료 소고기 다짐육 200g, 밥 2공기(400g), 마늘종 4줄기, 식용유 1과1/2큰술,
굵은소금·굴소스 1큰술씩, 참기름 1작은술, 후춧가루 약간
고기 밑간 양조간장·맛술 1작은술씩, 참기름 1/2작은술, 후춧가루 약간

만드는 법
1 소고기 다짐육은 분량의 양념을 넣고 밑간한다.
2 마늘종은 1cm 길이로 썰어 끓는 물에 굵은소금을 넣고 1분간 데쳐 찬물에 헹군다.
3 달군 팬에 식용유를 두르고 밑간한 다짐육을 넣어 볶다가 고기가 익으면 마늘종을 넣고 볶는다.
4 ③에 밥을 넣고 굴소스를 더해 고루 볶아 참기름과 후춧가루를 넣어 마무리한다.

[TIP]

활용만점! 소고기 다짐육 보관법
소고기 다짐육은 요리조리 쓰임새가 높지요. 센 불에 달달 볶아
여러 음식에 고명으로 얹거나 각종 채소, 향신료와 뭉쳐 완자나
햄버거를 만들기도 해요. 하지만 다짐육은 다져지면서 공기
노출 면적이 넓어져 다른 고기에 비해 변질되기 쉽고 보관기간도
짧습니다. 키친타월로 핏물을 제거해 위생팩이나 지퍼백 등에
소분, 랩으로 한 번 더 밀폐한 뒤 냉동보관해 사용하세요.

부위별 요리
다짐육

부위별 요리
안심살+등심살 +채끝살

오리엔탈스테이크샐러드

스테이크에 신선한 채소를 듬뿍 곁들여 든든한
샐러드를 만들었어요. 아이들 입맛에도 친숙한
오리엔탈드레싱이 채소에 대한 거부감을
덜어주지요. 샐러드채소는 계절에 따라 과일이나
채소를 바꾸어가며 만드세요.

재료 소고기 등심살 또는 채끝살 200g, 샐러드채소 150g,
노랑 파프리카 1/2개, 방울토마토 6개
고기 밑간 올리브유 1큰술, 소금 1/2큰술, 후춧가루 약간
오리엔탈드레싱 양조간장·포도씨유 2큰술씩,
다진 양파·참기름·설탕·식초·통깨 1큰술씩, 후춧가루 약간

만드는 법
1 샐러드채소는 찬물에 담갔다 체에 밭쳐 물기를
제거하고 한입크기로 손으로 뜯는다.
2 파프리카는 하얀 속을 제거해 0.3cm 두께로 채썰고
방울토마토는 2등분한다.
3 고기는 밑간해 달군 팬에 취향에 따라 조절하여 굽는다.
구운 스테이크는 한 김 식힌 뒤 칼을 뉘여 도톰하게
한입크기로 썬다.
4 분량의 재료를 섞어 오리엔탈드레싱을 만든다.
5 그릇에 채소와 스테이크를 올리고 드레싱을 곁들여낸다.

소고기초밥

생선초밥은 비리다며 고개부터 돌리는 아이에게 소고기로 초밥을 만들어주면
어떨까요? 어른들도 좋아하는 메뉴라 가족이 함께 나누는 별식으로
추천합니다. 무순 대신 새싹채소를 올려 맵지 않아요.

- -

재료 소고기 채끝살 200g(2장), 뜨거운 밥 2공기(400g), 양파 1/2개, 무순 또는 새싹채소 한 줌
고기 밑간 올리브유 2큰술, 소금 1작은술, 후춧가루 약간
단촛물 식초 3큰술, 설탕 2큰술, 소금 1/3작은술
간장소스 양조간장 3큰술, 맛술 2큰술, 물엿·설탕 1큰술씩, 참기름 1작은술, 후춧가루 약간

만드는 법
1 채끝살은 5×3cm 크기로 썰어 밑간한다.
2 양파는 가늘게 채썰어 찬물에 10분간 담가 체에 밭쳐 물기를 제거하여 매운맛을 줄인다.
3 분량의 간장소스 재료를 섞어 냄비에서 살짝 졸인다.
4 냄비에 분량의 단촛물 재료를 넣고 섞어 설탕이 녹을 때까지 살짝 끓인다.
5 뜨거운 밥에 단촛물을 부어 칼로 자르듯이 섞어 초밥 모양으로 만든다.
6 ①의 채끝살은 마른 팬에 앞뒤로 뒤집어가며 중간 불에서 구워 초밥처럼 한입크기로 썬다.
7 초밥에 구운 채끝살을 올리고 졸인 간장소스를 바른 뒤 채썬 양파와 무순 또는 새싹채소를 올린다.

부위별 요리
안심살+등심살+**채끝살**

소고기우엉잡채

당면으로 만드는 잡채가 살짝 질릴 때 우엉잡채를 만들어보세요.
우엉의 아삭한 식감이 색다른 맛을 내줍니다. 아이 반찬은 물론 특별한
날을 위한 일품요리로도 손색없답니다.

- -

재료 소고기 채끝살 150g, 우엉 1뿌리, 당근·청피망·홍피망 1/2개씩, 식용유 2큰술, 통깨 1큰술,
식초 약간
고기 밑간 양조간장·맛술 1/2큰술씩, 설탕·참기름 1작은술씩, 후춧가루 약간
양념 양조간장 1큰술, 설탕·물엿 1/2큰술씩, 참기름 1/2작은술

만드는 법
1 채끝살은 가늘게 채썰어 분량의 양념을 넣고 밑간한다.
2 우엉은 껍질을 벗겨 4~5cm 길이로 잘라 가늘게 채썬다. 식초물에 10분간 담가 체에 받쳐
물기를 제거한다.
3 당근, 피망도 우엉과 비슷한 길이로 채썬다.
4 밑간한 채끝살을 마른 팬에서 적당히 익을 정도만 볶는다.
5 달군 팬에 식용유를 두르고 약한 불에서 우엉을 넣고 부드러워질 때까지 볶다가 채썬 당근,
피망을 넣고 재빨리 볶는다.
6 ⑤에 볶은 채끝살과 분량의 양념을 넣고 고루 섞고 통깨를 뿌린다.

부위별 요리
안심살+등심살+채끝살

소고기크림파스타

크림파스타는 남녀노소 호불호가 적은 메뉴이지요. 원하는 속재료를 넣고 볶다가
생크림과 치즈만 넣고 끓이면 쉽게 맛깔스러운 크림파스타가 만들어집니다.
소고기를 넣으면 그 맛이 더욱 깊어져요.

- -

재료 소고기 등심살 또는 채끝살 150g, 파스타 면 2인분(페투치네 또는 스파게티 140g),
브로콜리 1/2송이, 양파 1/2개, 마늘 3쪽, 생크림 1과1/2컵, 파마산치즈 또는
그라나빠다노치즈 간 것 3큰술, 올리브유 1큰술, 소금 1작은술, 후춧가루 약간

만드는 법

1 물 10컵과 소금 2큰술을 넣고 끓으면 파스타 면을 넣고 약 8분간 삶아 체에 받쳐 물기를 뺀다.
2 브로콜리는 송이만 떼어내 끓는 물에 데친다. 양파는 채썰고 마늘은 얇게 편썬다.
3 고기는 한입크기로 썰어 달군 팬에 올리브유를 두르고 편썬 마늘과 함께 넣고 볶다가 소금과
후춧가루로 간한다.
4 고기가 반쯤 익으면 채썬 양파와 브로콜리를 넣고 볶는다.
5 양파가 투명해지기 시작하면 분량의 생크림과 파마산치즈 간 것을 넣고 중간 불에서 끓어오르면
주걱으로 저어가며 졸인다.
6 ⑤에 삶은 파스타 면을 넣어 버무려낸다.

부위별 요리
안심살+등심살+채끝살 🐂

발사믹소스스테이크

소스를 곁들여주면 고기를 더 맛있게 즐길 수 있지요.
고기와 가장 잘 어울리는 스테이크소스로 발사믹소스를 소개해요.
발사믹식초를 끓여 신맛은 날리고 달콤한 향이 남아 고기에 풍미를 더해줍니다.

- -

재료 소고기 안심살 또는 등심살 300~400g(두께 약 2cm), 브로콜리 1송이, 새송이버섯 1개,
양파 1/2개, 올리브유 1큰술, 소금·후춧가루 약간씩
고기 밑간 올리브유 2큰술, 굵은소금 1/2큰술, 로즈마리 또는 타임 1작은술, 후춧가루 1/3작은술
발사믹스테이크소스 발사믹식초·레드와인 1/2컵씩, 버터 1큰술, 홀그레인머스터드 1작은술

만드는 법
1 스테이크용 고기는 밑간 재료와 버무려 냉장실에서 1시간 이상 숙성시킨다.
2 브로콜리는 꽃만 떼어 소금을 넣은 끓는 물에 데치고 새송이버섯과 양파는 한입크기로 썬다.
3 팬을 달구어 숙성한 고기를 올려 굽는다. 옆면이 1/3 익으면 뒤집어 원하는 정도로 구워 덜어둔다.
4 고기를 구운 팬에 그대로 와인을 붓는다.
5 와인이 끓어오르면 발사믹식초와 홀그레인 머스터드를 넣고 고루 섞어 약한 불에서 졸인 뒤
버터를 넣고 소스를 완성한다.
6 달군 팬에 올리브유를 두르고 ②의 곁들임 채소를 소금과 후춧가루로 간하여 구워 접시에
스테이크, 소스와 곁들인다.

부위별 요리
안심살+**등심살**+**채끝살**

부위별 요리
우둔살+사태+양지

토마토스튜

서양식 토마토스튜를 만들 때는 씹는 질감이 좋은 우둔살을
활용해보세요. 푹 끓여 부들부들하게 익히면 그냥 먹어도 맛있고 빵이나
밥에 곁들여도 좋답니다. 파프리카 가루나 고운 고춧가루 1큰술을
더하면 헝가리의 대표요리 '굴라쉬'처럼 얼큰한 맛을 낼 수 있어요.

재료 소고기 우둔살 300g, 양파·당근·파프리카 1개씩, 토마토다이스 1캔
(400g), 버터·밀가루 2큰술씩, 다진 마늘·우스터소스·소금 1작은술씩,
후춧가루 1/4작은술, 월계수잎 1장, 물 3컵

만드는 법
1 우둔살은 결의 반대 방향으로 1cm 두께로 썬 뒤 사방 2cm 크기로 썬다.
2 양파, 당근, 파프리카는 사방 2cm 크기의 주사위 모양으로 썬다.
3 냄비에 버터를 녹인 뒤 다진 마늘과 ①의 우둔살을 넣고 볶다가 소금과
후춧가루로 간을 한다.
4 우둔살의 겉면이 노릇해지기 시작하면 밀가루를 뿌려 볶는다.
5 ④에 양파와 당근을 넣고 볶다가 분량의 물과 토마토다이스, 우스터소스,
월계수잎을 넣어 끓인다.
6 약한 불에서 1시간 정도 고기가 부드러워지도록 끓인다.

소고기오이볶음

무침으로 자주 식탁에 올리는 오이를 볶음으로 만들었어요. 오이를 소금에
절였다가 물기를 빼고 아삭하게 볶으면 별미지요. 여기에 채썬 고기를 넣어
영양 밸런스를 맞추었습니다. 아이들 반찬으로 적극 추천해요.

- -

재료 소고기 우둔살 100g, 오이 1개, 굵은소금·깨소금 1큰술씩, 들기름 1작은술, 국간장 1/2작은술
고기 밑간 다진 마늘·맛술 1작은술씩, 양조간장 1/2작은술, 후춧가루 약간

만드는 법
1 우둔살은 0.5cm 폭으로 채썰어 분량의 양념과 버무려 밑간한다.
2 오이는 0.2cm 두께로 동그랗게 썰어 굵은소금을 뿌려 10분간 절인다.
3 절인 오이는 찬물에 헹궈 면포에 넣고 물기를 짠다.
4 밑간한 우둔살을 마른 팬에 넣고 볶는다.
5 고기가 반쯤 익으면 물기를 제거한 오이를 함께 볶는다.
6 오이가 투명해지면 국간장으로 간하고 들기름과 깨소금을 뿌려 가볍게 섞는다.

유자소스소고기찹쌀구이

소고기 부위 중 가장 질긴 우둔살은 써는 방법에 따라 가장 부드러운 고기로
바뀔 수도 있답니다. 얇게 썬 우둔살을 찹쌀에 묻혀 바삭하게 구운 찹쌀구이는
탕수육보다 더 고급스럽고 맛있어요. 새콤달콤한 유자소스도 일품이지요.
겨자소스에 버무린 부추무침을 곁들이면 온가족 메뉴로 손색없답니다.

- -

재료 소고기 우둔살 150g, 찹쌀가루 1컵, 식용유 3큰술
고기 밑간 양조간장 1/2큰술, 맛술·설탕·참기름 1작은술씩, 후춧가루 약간
유자소스 유자청 2큰술, 설탕·식초 1/2큰술씩, 물 1큰술
부추무침 부추 한 줌(20g), 양파 1/3개, 식초·설탕 1/2큰술씩, 연겨자·참기름·통깨 1작은술씩,
소금 약간

만드는 법

1 우둔살은 살짝 얼렸다 결의 반대 방향으로 0.2~0.3cm 두께로 썰어 분량의 양념을 넣고
밑간한다.
2 밑간한 우둔살의 양면에 찹쌀가루를 묻힌다.
3 달군 팬에 식용유를 넉넉히 두르고 ②를 앞뒤로 굽는다.
4 냄비에 분량의 유자소스 재료를 넣고 끓어오르면 약한 불에서 1분 정도 졸인다. .
5 접시에 구운 우둔살과 유자소스를 올린다. 어른상이라면 부추는 4cm 길이로 썰고 양파는
가늘게 채썰어 분량의 양념에 버무려 함께 낸다.

 ▶  ▶  ▶

 ▶

부위별 요리
우둔살+사태+양지

사태채소찜

갈비찜은 누구나 좋아하지만 뼈가 있어 어린 아이들이 먹기에 조금
불편하지요. 상대적으로 저렴한 아롱사태로도 맛있는 갈비찜과 비슷한
찜을 만들 수 있습니다. 사태 특유의 쫄깃한 식감이 아주 매력적이에요.

- -

재료 소고기 아롱사태 300g, 무 1/6개, 당근·양파 1개씩, 단호박 1/4개
찜 양념 양조간장 1/2컵, 물 2컵, 양파즙·설탕 3큰술씩, 다진 파·맛술 2큰술씩, 다진 마늘 1큰술,
생강즙 1/2큰술, 참기름 1작은술, 후춧가루 1/4작은술

만드는 법
1 아롱사태는 찬물에 담가 물을 서너 번 갈아주면서 1시간 동안 핏물을 뺀다.
2 핏물을 충분히 뺀 고기는 한입크기로 썬다.
3 무, 당근, 양파는 사방 2cm 크기로 썬다.
4 단호박은 껍질을 벗겨 잘라 씨와 속을 파내고 사방 2cm 크기로 썬다.
5 분량의 재료를 섞어 찜 양념을 만든다.
6 냄비에 한입크기로 썬 아롱사태와 채소, 찜 양념을 담고 끓인다. 팔팔 끓으면 약한 불에서 30분
이상 뭉근히 졸인다.

부위별 요리
우둔살＋사태＋양지

사과채를 곁들인 사태편육

특별한 날에는 온가족이 즐기기 좋은 사태편육을 만들어봅니다.
편육에 새우젓이나 무생채 말고 아이들이 좋아하는 사과채무침을 곁들이면
어떨까요? 상큼한 사과의 향이 편육과 꽤 어울려요. 상큼한 사과의 향이 편육과
잘 어울린답니다.

- -

재료 소고기 아롱사태 200g, 사과 1개, 오이 1/2개, 아몬드 슬라이스·설탕 1큰술씩, 물 1컵
고기 삶는 양념 대파 1/2대, 마늘 3쪽, 맛술 3큰술, 통후추 1/2작은술
무침 양념 레몬즙 1큰술, 꿀 1/2큰술, 식초 1작은술, 소금 1/3작은술

만드는 법
1 아롱사태는 찬물에 30분 담가 핏물을 뺀 뒤 요리용 실로 꼼꼼히 묶는다.
2 냄비에 아롱사태와 잠길 정도의 물을 붓고 분량의 양념 재료를 넣고 1시간 이상
푹 삶는다.
3 삶은 아롱사태는 충분히 식혀 0.3cm 두께로 얇게 썬다.
4 사과는 채썰어 물 1컵에 설탕 1큰술을 푼 설탕물에 10분 이상 담가둔다.
5 오이는 돌려깍기한 뒤 파란 부분을 가늘게 채썬다.
6 볼에 사과채와 오이채를 담고 무침 양념을 넣어 버무린 뒤 아몬드 슬라이스를 뿌려 편육과 함께 낸다.

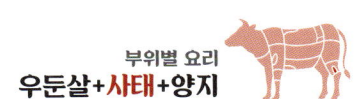

부위별 요리
우둔살+**사태**+양지

차돌박이된장찌개

고깃집 메뉴판에 자주 등장하는 차돌박이된장찌개예요. 해산물로 만든
시원한 된장찌개도 좋겠지만 이렇게 고기를 넣은 된장찌개는 깊은 맛이
우러나 아이들도 잘 먹지요. 지방이 어느 정도 도톰해야 감칠맛이 좋아요.

재료 소고기 차돌박이 또는 양지 100g, 멸치육수 2컵, 애호박 1/3개, 양파 1/2개,
표고버섯 1개, 두부 1/2모, 된장 2큰술

만드는 법

1 애호박, 양파, 표고버섯, 두부는 모두 한입크기로 썬다.
2 냄비에 차돌박이를 넣고 볶아 익으면 멸치육수를 넣어 끓인다.
3 육수가 끓으면 된장을 푼다.
4 ③에 채소들을 넣고 10분 이상 뭉근히 끓인다.
5 두부를 넣고 한소끔 더 끓인다.

[TIP]

멸치육수 만들기
마른 냄비에 멸치를 넣고 센 불에서 약 1분간
볶은 뒤 찬물을 붓고 끓인다. 끓어오르면 중약
불로 낮추어 30분간 국물을 우려 사용한다.

재료
국물용 멸치 10마리, 물 4컵

부위별 요리
우둔살+사태+**양지**

부위별 요리
살치살+부채살+갈비

궁중떡볶이

맵지 않은 궁중떡볶이는 영유아기의 어린 아이들도 잘 먹는 메뉴지요.
채썬 고기와 쫄깃한 떡, 그리고 채소의 식감이 어우러져 먹는
즐거움이 배가된답니다. 아이들이 좋아하는 채소와 싫어하는 채소를
조금씩 섞어가며 만들어보세요.

재료 소고기 부채살 100g, 떡볶이 떡 300g, 양파·빨강 파프리카·노랑
파프리카 1/2개씩, 표고버섯 2개, 식용유 2큰술, 통깨 1큰술, 참기름 1작은술
떡 유장 양조간장·참기름 1큰술씩
소고기&표고버섯 밑간 양조간장·설탕 1큰술씩, 맛술 1/2큰술,
다진 마늘·참기름 1작은술씩, 후춧가루 약간

만드는 법
1 부채살은 결의 반대 방향으로 0.5cm 두께로 채썬다.
2 떡볶이 떡은 유장 양념을 넣고 버무린다.
3 양파와 파프리카, 표고버섯은 부채살과 비슷한 두께로 채썬다.
4 볼에 분량의 밑간 재료를 넣고 섞어 부채살과 버섯을 버무려 10분간 재운다.
5 달군 팬에 식용유를 두르고 양파와 파프리카를 볶는다.
6 양파가 투명해지기 시작하면 ④를 넣어 볶는다.
7 고기가 익으면 떡볶이 떡을 넣고 고루 볶은 뒤 참기름과 통깨를 뿌려
마무리한다.

찹스테이크

스테이크는 소고기로 손쉽게 만들 수 있는 메뉴이지요. 고기와 채소를 한입크기로
썰어 넣고 함께 볶아내 먹기도 편해요. 영양만점 한 그릇 요리입니다.

재료 소고기 부채살 300g, 양파·홍피망·청피망 1/2개씩, 새송이버섯 1개, 버터 1큰술
고기 밑간 올리브유 2큰술, 소금 1/2큰술, 후춧가루 1/4작은술
스테이크소스 A1스테이크소스 2큰술, 토마토케첩 1큰술

만드는 법
1 부채살은 한입크기로 깍둑썰어 올리브유, 소금, 후춧가루에 밑간한다.
2 양파와 피망, 버섯은 사방 2cm 크기로 썬다.
3 달군 팬에 버터를 녹여 밑간한 부채살을 굽는다.
4 고기의 겉면이 익으면 양파와 피망, 버섯을 넣고 볶는다.
5 양파가 투명해지면 분량의 재료를 섞어 만든 스테이크소스를 넣고 볶아낸다.

부위별 요리
살치살+부채살+갈비

LA갈비구이

명절이나 특별한 날이면 어김없이 식탁에 오르는 LA갈비입니다. 아이들을 위한
실패 없는 고기반찬이기도 하지요. 갈비 양념에 하루 정도 재워 약한 불에 타지
않도록 주의하며 구워주세요. 생각보다 매우 간단하고 손쉬운 요리랍니다.

재료 LA갈비 1kg
갈비 양념 양조간장 5큰술, 양파 간 것·배즙 4큰술씩, 설탕 3큰술,
다진 파 2큰술, 다진 마늘·꿀 또는 물엿 1큰술씩, 후춧가루 1/4작은술

만드는 법
1 갈비는 찬물에 30분 이상 담가 핏물을 뺀 뒤 체에 밭쳐 물기를 제거한다.
2 볼에 분량의 재료를 섞어 갈비 양념을 만든다.
3 사각용기 바닥에 양념을 깔고 갈비를 얹은 뒤 다시 양념을 얹어 차곡차곡 채운다.
4 냉장실에서 하루 정도 숙성시킨 뒤 마른 팬에서 약한 불로 천천히 타지 않도록 굽는다.

[TIP]

LA갈비, 일반 갈비와 무엇이 다를까?
LA갈비는 갈비를 절단기로 뼈째로 잘라 가공한
갈비를 일컫습니다. 갈비를 포뜨듯 넓게 펴서 조리하는
우리나라와 달리 미국 등지에서는 통째로 골절기에 썰어
사용하는데, 일반 갈비보다 얇고 뼈의 단면이 보이는
것이 특징이지요. 뼈의 측면을 일컫는 Lateral에서 'L'과
'A' 약자를 따서 그 이름이 붙여졌다고도 합니다.

부위별 요리
살치살+부채살+갈비

소고기청경채볶음

청경채를 센 불에서 굴소스로 볶으면 간단하지만 훌륭한 반찬이 됩니다.
소고기까지 넣어 든든하지요. 청경채의 푸릇함이 고기요리에 식욕을
돋우어줍니다.

- -

재료 소고기 살치살 200g, 청경채 5포기, 다진 마늘·굴소스·식용유 1큰술씩, 참기름 1작은술
고기 밑간 올리브유 1큰술, 소금 1작은술, 후춧가루 약간

만드는 법
1 살치살은 한입크기로 잘라 분량의 재료를 넣고 밑간한다.
2 청경채는 밑동에 칼집을 넣고 찢어 크기에 따라 2~4등분 한다.
3 밑간한 살치살은 마른 팬에 구워 따로 둔다.
4 달군 팬에 식용유를 두르고 다진 마늘을 넣어 향이 나면 청경채를 넣고 센 불에서 볶는다.
5 청경채가 숨이 죽기 시작하면 구워둔 살치살을 넣고 굴소스와 참기름으로 간하여 한 번 더 볶는다.

부위별 요리
살치살+**부채살**+**갈비**

매운 씨앗양상추쌈

고소한 견과류는 아이들 밥반찬 재료로 사용하기 좋아요. 고기와 매칭하면
영양적으로도 우수하지요. 오늘은 쌈으로 즐겨보세요. 매콤한 양념이지만
양상추를 쌈으로 곁들여 그리 맵지는 않습니다. 매운 것을 못 먹는 아이라면
고추장 대신 간장을 넣고 양을 1.5배 늘려주세요.

재료 소고기 부채살 150g, 양상추 10장, 청피망 1개, 양파 1/3개,
해바라기씨·호박씨 2큰술씩, 식용유 1큰술
고기 양념 고추장 1큰술, 설탕 2/3큰술, 양조간장·물엿·맛술 1/2큰술씩,
다진 마늘·참기름 1작은술씩

만드는 법
1 부채살은 사방 1cm 크기로 작게 썰어 양념을 넣고 버무려 10분간 재운다.
2 양상추는 손으로 찢어 2~3등분해 찬물에 담갔다가 물기를 제거한다.
3 청피망과 양파도 부채살과 비슷한 크기로 썬다.
4 달군 팬에 식용유를 두르고 양파와 청피망을 볶다가 양파가 투명해지면 양념한
부채살을 넣어 볶는다.
5 해바라기씨와 호박씨를 넣어 한 번 더 볶아 양상추 위에 올린다.

부위별 요리
살치살+**부채살**+갈비

몽골리안비프스테이크

널찍한 철판이 있는 푸드코트에서나 맛봄직한 몽골리안비프스테이크를 집에서
간단하게 즐기세요. 각종 채소와 고기를 달콤짭조름한 양념에 볶아 더욱
감칠맛이 납니다. 밥이나 불린 쌀국수를 같이 볶아도 한 끼 식사로 충분해요.

재료 소고기 살치살 200g, 청경채 4포기, 빨강 파프리카·노랑 파프리카·양파 1/2개씩, 숙주 100g,
녹말물·식용유 2큰술씩, 후춧가루 약간
고기 밑간 양조간장 1큰술, 맛술 1/2큰술, 다진 마늘 1작은술, 후춧가루 약간
스테이크소스 굴소스·양조간장·흑설탕 1큰술씩, 참기름 1작은술, 후춧가루 약간

만드는 법
1 살치살은 한입크기로 썰어 밑간한다. 볼에 분량의 재료를 섞어 스테이크소스를 만든다.
2 청경채는 밑동을 잘라 이파리를 하나씩 뗀 뒤 큰 것만 이등분하고, 파프리카와 양파는
사방 2cm 크기로 썬다.
3 달군 팬에 식용유를 두르고 센 불에서 밑간한 살치살을 볶는다.
4 고기가 반쯤 익으면 파프리카와 양파를 넣고 같이 볶는다.
5 양파가 투명해지면 청경채와 숙주, 스테이크소스를 넣고 고루 섞어 볶는다.
6 녹말가루와 물을 1:1로 섞은 녹말물을 두른 뒤 한 번 볶아 후춧가루를 뿌려 마무리한다.

부위별 요리
살치살+부채살+갈비

부위별 요리
불고기감+기타

소고기채소말이

얇게 썬 고기에 알록달록한 채소를 넣고 돌돌
말았어요. 색감도 좋고 식감도 좋지요. 채소와
고기를 한 번에 먹을 수 있답니다. 아이와 함께
만들어보세요. 먹고 싶은 채소를 직접 골라 넣고
만들다보면 더 잘 먹기 마련이니까요.

재료 소고기 불고기감 150g, 빨강 파프리카·노랑
파프리카 1/2개씩, 팽이버섯 한 줌(50g), 부추 한 줌(20g)
고기 밑간 참기름 1/2큰술, 소금 1작은술, 후춧가루 약간
양념장 양조간장·물엿·통깨 1큰술씩, 참기름 1작은술,
물 2큰술

만드는 법
1 불고기감은 키친타월로 핏물을 제거하고 밑간한다.
2 볼에 분량의 양념장 재료를 넣고 섞는다.
3 파프리카는 채썰고 팽이버섯과 부추는 파프리카와
길이를 맞추어 썬다.
4 밑간한 불고기감 위에 파프리카, 팽이버섯, 부추를
조금씩 올리고 돌돌 만다.
5 약한 불에서 굴려가며 고루 익도록 굽는다.
6 거의 익으면 ②의 양념장을 끼얹어 졸인다.

카레우동

카레가루를 활용해 우동을 만들어 보면 어떨까요? 일본여행 중 맛보았던
메뉴이지요. 우동과 함께 넘기기 좋도록 얇게 썬 불고기감을 더했어요.
새로운 면요리로 아이의 호기심을 자극해보세요.

- -

<u>재료</u> 소고기 불고기감 150g, 우동 면 2인분(400g), 카레가루 2/3봉지(80g), 양파 1개,
식용유 2큰술, 다시마 우린 물 4컵
<u>고기 밑간</u> 소금 1/3작은술, 후춧가루 약간

<u>만드는 법</u>
1 불고기감은 키친타월로 핏물을 제거해 한입크기로 썬 뒤 소금과 후춧가루로 밑간한다.
2 양파는 두툼하게 채썬다.
3 달군 팬에 식용유를 두르고 밑간한 불고기감과 양파를 넣어 볶는다.
4 고기가 익으면 다시마 우린 물을 붓고 끓인다.
5 한소끔 끓어오르면 거품을 걷어내고 카레가루를 넣어 졸인다.
6 우동 면을 삶아 그릇에 담고 ⑤의 카레를 넉넉히 얹는다.

<u>다시마 우린 물 만들기</u>
물 4컵에 다시마를 넣고 약 30분간 우리다가 냄비로 옮겨 불에 올려
끓인다. 물이 끓으며 다시마를 바로 건져내고 불에서 내려 식힌다.
또는 미지근한 물에 다시마를 1시간 가량 담가 우려서 사용한다.

[TIP]

<u>재료</u>
다시마 10×10cm 1장, 물 4컵

부위별 요리
불고기감+기타

불고기감자조림

'니쿠자가'라고 불리는 일본식 감자조림입니다. 소고기가 들어가
더 감칠맛이 나지요. 감자와 고기만으로도 충분하지만 깍지콩이나 브로콜리
같은 채소를 더하면 색감과 식감을 높일 수 있어요.

- -

재료 소고기 불고기감 150g, 감자 2개, 양파 1/2개, 데친 깍지콩 한 줌, 다시마 우린 물(만드는 법 P93) 1/3컵,
양조간장 3큰술, 설탕·맛술 2큰술씩, 식용유 1큰술, 후춧가루 약간

만드는 법
1 불고기감은 키친타월로 눌러 핏물을 빼고 한입크기로 썰어 후춧가루로 밑간한다.
2 감자는 한입크기로 6~8등분해 물에 담가 전분기를 제거하고 양파는 두툼하게 채썬다.
3 달군 냄비에 식용유를 두르고 밑간한 불고기감과 양파를 넣어 볶는다.
4 고기의 색이 변하기 시작하면 감자를 넣어 함께 볶는다.
5 ④에 다시마 우린 물과 간장, 설탕, 맛술을 넣어 약한 불에서 20분 정도 졸인다.
6 감자가 익으면 데친 깍지콩을 넣어 3분간 더 졸여 완성한다.

부위별 요리
불고기감+기타

샤브샤브토마토샐러드

소고기를 차갑게 식혀 샐러드로 활용해도 맛납니다. 토마토의 빨간 색감이
식용을 돋우지요. 부드러운 고기와 고소한 참깨드레싱이 토마토를 싫어하는
아이들의 입맛도 사로잡아요.

- -

재료 소고기 불고기감 200g, 토마토 2개, 양파 1/2개, 베이비채소 100g, 포도씨유 2큰술,
고기 밑간 맛술 1큰술, 소금 1/2작은술, 후춧가루 약간
참깨소스 마요네즈 5큰술, 참깨 간 것·설탕·물 2큰술씩, 간장·식초 1/2큰술씩

만드는 법
1 불고기감은 맛술과 소금, 후춧가루로 밑간해 달군 팬에 굽는다.
2 구운 고기는 얼음물에 담갔다 식혀 건져 체에 밭쳐 물기를 제거한다.
3 토마토는 링 모양을 살려 0.5~0.7cm 두께로 썰고 양파는 가늘게 채썬다.
4 분량의 참깨소스 재료에 포도씨유를 넣어 섞는다.
5 접시에 토마토와 양파를 깔고 구운 고기를 올린다.
6 씻어 키친타월로 물기를 제거한 베이비채소를 올리고 ④를 곁들여낸다.

부위별 요리
불고기감+기타

샤브전골

온가족이 둘러앉아 간단하게 샤브샤브를 즐기고 싶을 때는 샤브전골을
준비해보세요. 천겹의 잎사귀라는 뜻의 '밀푀유나베' 라고도 불리듯 완성된
모양이 예뻐 먹는 내내 눈도 즐겁습니다.

- -

재료 소고기 불고기감 200g, 알배추 1/2포기(배춧잎 약 15장), 느타리버섯 100g, 깻잎 10장,
다시마 우린 물(만드는 법 P93) 5컵
참깨소스 마요네즈 5큰술, 참깨 간 것 2큰술, 설탕·물 2큰술씩, 양조간장·식초 1/2큰술씩

만드는 법

1 볼에 분량의 재료를 섞어 참깨소스를 만든다.
2 알배추는 밑동을 잘라 잎을 하나씩 떼고 깻잎은 꼭지를 떼고 길게 2등분한다.
3 알배추 위에 깻잎을 올리고 고기를 길게 올린다.
4 알배추…깻잎…고기 순으로 5~6회 반복한다.
5 겹겹이 쌓은 ④를 냄비에 맞게 3~4등분해 썬다.
6 ⑤를 냄비에 차곡차곡 세워 넣고 가운데 버섯을 올린 뒤 다시마 우린 물을 붓고 끓인다.
7 완성된 샤브전골은 참깨소스에 찍어 먹는다.

부위별 요리
불고기감+기타

막창채소볶음

막창은 그 쫄깃한 식감에 비해 질긴 정도가 덜해 아이들이 먹기에도
부담스럽지 않지요. 의외로 막창을 좋아하는 아이들도 많답니다.
각종 채소와 함께 볶아 반찬으로 만들었습니다.

- -

재료 소고기 막창 200g, 양파·당근 1/2개씩, 부추 한 줌(20g), 통깨 1/2큰술, 참기름 1작은술
막창 밑간 양조간장·맛술 1큰술씩, 다진 마늘·소금 1작은술씩, 후춧가루 약간

만드는 법
1 막창은 주름의 직각 방향으로 1cm 폭으로 채썰어 양념을 넣고 밑간한다.
2 양파와 당근은 0.5cm 폭으로 채썰고 부추도 5cm 길이로 썬다.
3 달군 팬에 밑간한 막창을 볶다가 양파와 당근을 넣고 센 불에서 볶는다.
4 막창이 거의 익으면 부추를 넣고 한 번 더 볶은 뒤 참기름과 통깨를 뿌려 마무리한다.

부위별 요리
불고깃감+기타

○ **정육양 기준, 뒷다리>앞다리>삼겹살>등심>목심**

국내에서 가장 사랑받는 돼지고기 부위는 단연 삼겹살과
목살이지요. 이어 갈비, 앞다리살, 특수부위가 인기입니다.
반면 돼지 1마리당 부위별 정육양은 그 반대입니다. 인기
있는 삼겹살과 목살의 정육양이 적다보니 가격대 또한
다른 부위에 비해 높을 수밖에 없지요. 국내 유통되는
돼지고기는 랜드레이스, 햄프셔, 대요크셔, 듀록, 버크셔
등의 품종으로, 여러 종을 교배해 만든 품종들입니다.

○ **돼지고기 조리 팁**

소고기에 비해 지방 함량이 높은 돼지고기는 특유의
누린내가 나지요. 조리 전 생강, 양파, 마늘 등으로
밑간하면 냄새를 줄일 수 있습니다. 냉동하지 않은
생고기가 훨씬 맛나지만 신경써서 냉동과 해동을 하면
그 맛을 유지할 수 있습니다. 랩으로 꽁꽁 밀폐해 얼린 뒤
그대로 냉장실로 옮겨 천천히 해동하는 게 포인트이지요.
삼겹살을 구울 때는 너무 두껍지 않게 잘라 한두 번만
뒤집는 게 맛있게 굽는 비결입니다.

돼지고기로 만든 반찬

삼겹살구이, 목살김치찌개, 제육볶음… 어느 집 식탁에나 한 달에 두어 번씩은
오를 법한 메뉴들이지요. 1인당 국내 육류 소비량의 1위로 꼽히는 돼지고기는
활용메뉴 또한 무궁무진합니다. 단백질 함량은 물론 비타민B1 함량이
소고기보다 높아 어린이 성장발육을 위한 식재료로도 손색없습니다.

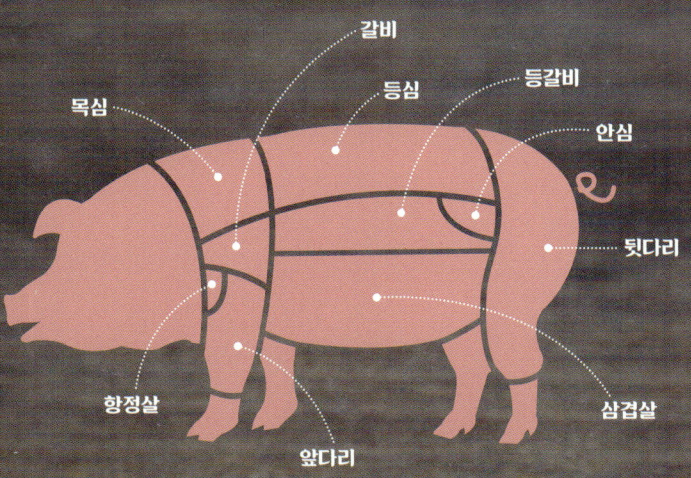

갈비

등심   등갈비

목심   안심

뒷다리

삼겹살

항정살

앞다리

돼지고기 + 부위 선택 참고 국가표준식품성분표 제9개정판/100g 기준

Cuts of Pork

앞다리살

단백질 함유량 ⇒ 20.56g
칼로리 ⇒ 151kcal
조리 ⇒ 수육, 구이, 불고기, 찌개, 카레

어깨 부위의 살로 지방이 적고 근육이 많습니다. 쫄깃한 식감으로 수육이나 찌개 재료로 즐겨 사용되지요. 풍미가 좋아 별다른 양념 없이 소금구이로 먹어도 맛있어요. 앞다리살은 천천히 익혀야 지방이 근육 사이에서 녹아 식감이 부드러워집니다. 기름 덩어리나 질긴 막 등은 미리 손질하여 요리하세요.

뒷다리살

단백질 함유량 ⇒ 21.30g
칼로리 ⇒ 113kcal
조리 ⇒ 찌개, 주물럭, 장조림

운동이 많은 돼지의 뒷다리 부위로 살집이 두텁고 지방은 적은 부위입니다. 기름기가 없어 퍽퍽할 수도 있지만 그 맛이 담백해 주물럭이나 찌개 등에 많이 활용되지요. 구이보다는 고기 양념을 더해 육즙의 손실을 최소화하는 게 뒷다리살을 맛있게 먹는 포인트입니다.

[POINT] **하얀 기름 덩어리는 제거**

핏물 제거 후 하얀색의 기름 덩어리는 잘라내야 더 부드럽고 담백하다.

[POINT] **양념에 재워 육질을 부드럽게**

뒷다리살은 미리 양념에 재워야 부드러운 육질을 즐길 수 있다.

안심살

단백질 함유량 ⇒ 22.21g
칼로리 ⇒ 114kcal
조리 ⇒ 구이, 탕수육, 잡채, 장조림, 돈가스

돼지고기 몸 안쪽에 자리잡은 안심살은 결이 곱고
부드러운 살코기입니다. 살이 부드러워 손질이 쉽지
않으니 잡채처럼 얇게 썬 고기가 필요할 때는 용도에 따라
판매되는 것을 구입하는 게 좋아요. 다른 부위에 비해
고기의 색이 진하며 지방 함량이 낮아 다이어트 요리
부위로도 적당합니다.

등심살

단백질 함유량 ⇒ 24.03g
칼로리 ⇒ 125kcal
조리 ⇒ 불고기, 볶음, 찌개, 돈가스, 카레

등심은 등쪽 중앙 부분으로 색이 연하고 기름기가 적어
저지방, 고단백 식재료로 알려져 있습니다. 부드러운
육질과 더불어 씹는 맛도 좋지요. 너무 두꺼우면
질기므로 구이나 돈가스용은 미리 고기 망치로 두드려
부드럽게 만들어 사용하세요. 등심의 앞부분 위쪽을
덮고 있는 등심덧살은 가브리살이라 불리기도 합니다.

[POINT] 결의 직각 방향으로 채썰기

안심살은 대부분 살코기라 질긴 편이므로 결의 직각
방향으로 채썰면 육질이 한결 부드러워진다.

[POINT] 망치로 두드려 넓게 펴주기

고기 망치 또는 칼등으로 두드려 넓게 펴주면
질기지 않고 먹기 좋은 두께로 손질할 수 있다.

삼겹살

단백질 함유량 ⇒ 13.27g
칼로리 ⇒ 373kcal
조리 ⇒ 구이, 찜, 훈제

구이용으로 가장 사랑받는 부위이지요. 삼겹살은
지방과 근육이 서로 층을 이루는 복부 부위로
지방이 많지만 질기지 않고 풍미가 좋아 구이용으로
인기입니다. 삼겹살을 구입할 때는 기름기와 살코기가
고르게 섞인 걸 선택하세요. 간혹 지방이 지나치게
많으면 구울 때 기름이 많이 나오니 미리 지방을 제거해
굽는 게 좋습니다.

목심살

단백질 함유량 ⇒ 17.21g
칼로리 ⇒ 214kcal
조리 ⇒ 구이, 찌개, 불고기, 양념요리

가장 돼지고기다운 맛이라 불리는 목심살은 등심에서
목으로 이어지는 부위입니다. 삼겹살에 비해 기름기는
적지만 지방층이 고르게 분포되어 삼겹살에 이어
구이용으로도 자주 즐기지요. 두툼히 잘라 조리해야
목심살을 풍미를 제대로 즐길 수 있답니다.

[POINT] **두툼한 고기는 칼집 넣기**

삼겹살의 두께가 너무 두툼할 때는 일정한 간격으로
칼집을 넣어야 속까지 잘 익는다.

[POINT] **양념용에는 잔칼집 넣어야**

목심살을 양념해 구울 요령이라면 고기에 먼저 잔칼집을
넣는다. 칼집 속에 양념이 배어 육질이 부드러워진다.

항정살

단백질 함유량 ⇒ 17.98g
칼로리 ⇒ 291kcal
조리 ⇒ 구이, 찜, 카레

돼지의 목덜미살로 돼지 한 마리에서 생산되는 양이
600g 정도로 적어 귀한 부위로 손꼽힙니다. 근육과
지방층이 촘촘히 어우러져 씹는 맛이 좋아 고급
구이용으로 사랑받는 부위예요. 마블링이 훌륭해
부드럽고 쫄깃한 맛으로 아이들도 좋아하지요.
'천겹살'로 불리기도 합니다.

등갈비

단백질 함유량 ⇒ 17.88g
칼로리 ⇒ 224kcal
조리 ⇒ 구이, 바베큐, 찜

갈비뼈 사이의 살을 함께 정육한 부위로, 부위상으로는
삼겹살에 속합니다. 돼지 1마리당 1.2kg 정도가 나오며,
두툼한 뼈째 조리해 뼈에서 우러나는 풍미가 더해져
감칠맛이 납니다. 고기 반대쪽에 붙은 근막을 제거하고
조리하는 것이 좋아요. 아이들도 좋아하는 부위입니다.

[POINT] **고기 결대로 썰어야**

항정살을 썰어서 조리할 때는 고기의 결을 따라 썰어
이용한다. 구울 때는 한번에 굽고 먹기 직전에 잘라야
육즙이 풍부하다.

[POINT] **찬물에 담가 핏물 제거가 시작**

찬물에 1~2시간 담가 핏물을 제거하고 용도에 따라
통째로 혹은 마디를 잘라 사용한다.

재료(300g 기준)
양조간장·맛술 2큰술씩,
설탕 1큰술, 생강 간 것 1작은술,
후춧가루 약간

돼지고기
+ 기본 소스

돼지고기 요리에서 소스는 무척
중요합니다. 돼지고기 지방에서 나는
특유의 누린내 때문이지요. 따로
밑간하지 않고 기본 소스 두세 가지만
있어도 돼지고기 요리를 다양하게
즐길 수 있답니다.

생강간장소스

생강 자체의 향이 돌아 식욕을 돋우는 소스입니다.
돼지고기의 누린내를 없애주고 감칠맛도 더해주지요.
생강은 익으면 매운맛이 좀 덜하니 아이들 요리 시에는
생강을 얇게 갈아서 넣으세요. 씹히는 생강의 맛이
부담스럽다면 생강즙이나 생강술을 활용하세요.

TIP

생강술 만들기
생강과 청주를 1:1 분량으로
하여 술을 담가두면 훌륭한
밑간 재료가 완성됩니다. 생강을
적당한 두께로 썰어 유리용기에
담고 청주를 붓습니다. 일주일
후부터 사용가능합니다.

108

재료(600g 기준)
고추장 3큰술,
다진 마늘·양조간장·설탕·물엿
(또는 꿀이나 매실액) 1큰술씩,
고춧가루 2/3큰술, 참기름
1/2작은술

재료(200g 기준)
미소된장·들깨가루 1과1/2큰술씩,
물엿 1큰술, 양조간장·맛술·설탕
1/2큰술씩, 들기름 1작은술

미소들깨소스

돼지고기는 간장 양념이나 고추장 양념과 특히
잘 어울려요. 하지만 똑같은 양념은 질리기 마련이지요.
일본식 미소된장과 고소한 들깨가루를 섞어 소스를
만들어보세요. 미소들깨소스는 볶음이나 구이 요리에
추천해요.

고추장 양념

제육볶음이나 각종 돼지고기 볶음요리에 기본으로
활용하기 쉬운 고추장 양념입니다. 비교적 보관기간이
길어 넉넉히 만들어 냉장보관했다가 사용하기 좋습니다.
꿀이나 매실청 등을 더하면 깊은 맛을 내고 누린내도
줄여주니 활용해보세요.

TIP

미소된장과 들깨는 동량으로
미소들깨소스를 만들
때는 반드시 미소된장과
들깨가루를 동량으로
넣어주세요. 올리브유나
들기름을 섞으면
무침요리에도 잘 어울려요.

TIP

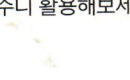

사과를 갈아 넣어도 좋아
아이용 양념을 만들 때는
고추장 양을 줄이고 사과를
갈아 넣으세요. 돼지고기의
풍미가 좋아지고 단맛이 돌아
아이들이 좋아해요.

돼지고기 + 베이스 만들기
: 돈가스

Pork Base

시판용 돈가스는 고기 두께에 비해 튀김옷이 두꺼워 자칫 느끼할 수 있지요.
수제 돈가스를 만들어 냉동실에 쟁여두고 튀겨주세요. 빵가루를 묻혀 서로
들러붙지 않도록 랩이나 유산지로 켜켜이 담고 다시 밀폐해 냉동보관하면
한 달가량 두고 먹을 수 있습니다. 튀길 때는 팬에 돈가스가 반 이상 잠기도록
식용유를 넉넉히 붓고 두어 번 뒤집어가며 튀기듯 익혀주세요.

※ 밑재료 4인 기준, 각 활용요리 2인 기준

재료 돼지고기 등심살 6장(600g), 달걀 2개, 빵가루
2컵, 밀가루 1/2컵, 소금 1작은술, 후춧가루 1/4작은술

만드는 법
1 등심살을 칼등이나 고기망치로 두들겨 편다.
2 고루 편 등심살은 소금과 후춧가루로 밑간하고
달걀물을 만든다.
3 밑간한 등심살을 밀가루…›달걀물…›빵가루 순서로
묻힌다.
4 서로 들러붙지 않도록 랩이나 유산지로 감싸 밀폐해
냉동보관한다.

[돈가스]

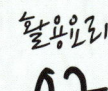

활용요리
01

활용요리
02

활용요리
03

돈가스덮밥

돈가스를 튀겨 밥반찬으로 내어도
좋지만 가끔은 구운 돈가스를 밥
위에 올리고 국물을 자작하게
부어 돈가스덮밥을 만들어주세요.
미리 튀겨놓은 돈가스가 남았을 때
활용하기 좋은 방법이에요.

돈가스샐러드

고기와 함께 신선한 채소를
많이 섭취할 수 있는 메뉴예요.
알록달록한 채소가 보기에도
즐겁습니다. 채소를 싫어한다면
과일을 함께 세팅해 내놓아도
좋답니다.

돈가스샌드위치

돈가스를 빵 사이에 넣으면
색다른 샌드위치가 됩니다.
샌드위치용으로는 두툼한 고기가
잘 어울리지요. 채썬 양배추 등
취향에 따라 아이들이 부담없이
먹는 채소를 더하세요.

돈가스
활용요리

돈가스덮밥 01

재료 냉동 돈가스 1장(100g), 밥 1공기(200g), 양파 1/2개, 달걀 1개, 다진 실파 1큰술, 식용유 적당량, 김 약간
국물 가츠오부시육수(만드는 법 P207) 1/2컵, 양조간장·맛술 1큰술씩, 설탕 1작은술

만드는 법
1 냉동 돈가스는 냉장실에서 해동 후 팬에 돈가스가 반이상 잠길 정도로 식용유를 두르고 앞뒤로 뒤집어가며 바삭하게 튀겨 한입크기로 썬다.
2 양파는 1cm 정도 두께로 채썬다.
3 팬에 가츠오부시육수와 간장, 맛술, 설탕을 넣고 센불에서 끓인다.
4 끓기 시작하면 채썬 양파, 튀긴 돈가스를 넣고 약한 불로 낮추어 2분 정도 더 익힌다.
5 달걀을 풀어 ④에 둘러가며 붓고 달걀이 70% 정도 익으면 불에서 내려 밥 위에 올린다.
6 김은 채썰어 다진 실파와 함께 올려 완성한다.

돈가스샐러드 02

재료 냉동 돈가스 2장(200g), 양상추 또는 적양배추 1/8통, 방울토마토 10개, 어린잎채소 한 줌, 식용유 적당량
돈가스소스 다시마 우린 물(만드는 법 P93)·양조간장·설탕 3큰술씩, 레몬즙 2큰술, 다진 양파·식초 1큰술씩

만드는 법
1 냉동 돈가스는 냉장실에서 해동 후 식용유를 자작하게 두른 팬에서 바삭하게 튀겨 1.5cm 정도 두께로 길게 썬다.
2 양상추는 먹기 좋은 크기로 뜯고 방울토마토는 이등분한다.
3 볼에 분량의 재료를 넣고 섞어 돈가스소스를 만든다.
4 접시에 양배추와 방울토마토, 튀긴 돈가스, 어린잎채소를 담고 소스를 뿌리거나 따로 담아낸다.

돈가스샌드위치 03

재료 냉동 돈가스 2장(200g), 식빵 4장, 시판 돈가스소스·마요네즈 2큰술씩, 식용유 적당량

만드는 법
1 냉동 돈가스는 냉장실에서 해동 후 식용유를 자작하게 두른 팬에서 바삭하게 튀긴다.
2 식빵 두 장의 한쪽 면에 마요네즈를 고루 펴 바른다.
3 나머지 식빵 두 장의 한쪽 면에 돈가스소스를 펴 바른다.
4 마요네즈와 돈가스소스를 바른 빵 사이에 튀긴 돈가스를 넣어 샌드위치를 만든다.

01

02

03

Pork Base

돼지고기 + 베이스 만들기
: 고추장 양념육

기름기가 적고 부들부들한 앞다리살, 뒷다리살은 고추장 양념과 찰떡궁합이지요.
아이들이 매운맛에 익숙하지 않다면 치즈나 쌈채소 등을 곁들여 조금씩 경험하게
해주세요. 고추장이나 고춧가루의 양을 조금 줄이고 간장의 양을 늘려도 괜찮습니다.

※ 밑재료 4인 기준, 각 활용요리 2인 기준

재료 돼지고기 앞다리살 또는 뒷다리살 600g,
생강술 1큰술, 소금 1/2작은술, 후춧가루 1/4작은술
고추장 양념 고추장 3큰술, 다진 마늘·양조간장·설탕·물엿
(또는 꿀이나 매실액) 1큰술씩, 고춧가루 2/3큰술,
참기름 1/2작은술

만드는 법
1 앞다리살이나 뒷다리살을 준비해 한입크기로 썬다.
2 생강술과 소금, 후춧가루를 넣고 밑간한다.
3 분량의 재료를 섞어 고추장 양념을 만들어 밑간해둔
고기와 버무려 1시간 이상 재운다.
4 소량씩 나눠 비닐팩이나 위생팩에 밀봉해 냉동보관한다.

고추장 양념육

활용요리 01

김치두부카나페

양념한 돼지고기에 김치를 넣어
볶으면 두루치기가 되지요. 데친
두부를 곁들이면 맛과 영양을
함께 잡을 수 있어요. 두루치기를
잘게 잘라 두부 위에 까나페처럼
올려주세요.

활용요리 02

제육볶음

고추장 양념육에 각종 채소를 더해
제육볶음을 만들어보세요. 이때
오징어나 쭈꾸미 등을 함께 넣고
볶아도 좋습니다. 양배추를 쪄서
곁들이면 단맛이 더해져 매운맛을
중화시켜줍니다.

활용요리 03

콩나물제육덮밥

고추장 양념육을 볶고 콩나물을
살짝 데쳐 덮밥을 만들었어요.
아삭한 콩나물이 고기의 매운맛을
덜어주지요. 콩나물은 물기가
빠지고 질겨질 수 있으니 따로 데쳐
고명으로 얹으세요.

고추장 양념육 활용요리

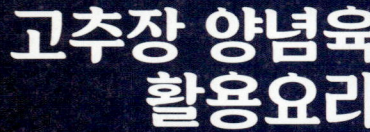

01

김치두부카나페 *01*

재료 냉동 고추장 양념육 150g,
김치 1컵, 두부 1모(300g), 식용유 1큰술,
검은깨 1/2큰술, 설탕·참기름 1작은술씩

만드는 법
1 냉동 고추장 양념육은 미리 꺼내 밀봉한
그대로 해동시킨다.
2 김치는 물기를 대충 짜고 1cm 길이로
송송 썬다.
3 해동한 양념육은 김치와 비슷한 크기로
썬다.
4 두부는 반으로 가른 뒤 1cm 두께로
도톰하게 썰어 끓는 물에 1분간 데친다.
5 달군 팬에 식용유를 두르고 양념육과
김치, 설탕을 넣어 볶다가 참기름으로
마무리한다.
6 두부 위에 ⑤를 올린 뒤 검은깨를
뿌려낸다.

02

제육볶음 02

재료 냉동 고추장 양념육 300g, 양파 1/2개,
애호박·당근 1/3개씩, 양배추 1/4통, 식용유 1큰술

만드는 법
1 냉동 고추장 양념육은 미리 꺼내 밀봉한 그대로
해동시킨다.
2 양파는 1cm 두께로 채썰고 애호박과 당근은
세로로 반 갈라 0.2cm 두께로 납작하게 썬다.
3 양배추는 통으로 김오른 찜기에서 10분간 찐다.
4 달군 팬에 식용유를 두르고 센 불에서 양념육을
넣어 볶는다.
5 양념육이 반 이상 익으면 양파, 애호박, 당근을
넣고 같이 볶아 찐 양배추와 함께 낸다.

콩나물제육덮밥 03

재료 냉동 고추장 양념육 200g, 밥 2공기,
콩나물 1/2봉지(150g), 양파 1/2개, 당근 1/3개,
식용유 1큰술, 참기름 1작은술

만드는 법
1 냉동 고추장 양념육은 미리 꺼내 밀봉한 그대로
해동시킨다.
2 콩나물은 끓는 물에 3분간 데쳐 물기를
제거한다.
3 양파와 당근은 0.5cm 두께로 채썬다.
4 팬에 식용유를 두르고 해동한 양념육과 채썬
양파, 당근을 넣어 볶다가 참기름을 두른다.
5 그릇에 밥을 담고 ④와 데친 콩나물을 올린다.

03

돼지고기 + 베이스 만들기
: 삶은 등갈비

뼈에서 쉽게 발라지고 부드러워
아이들이 유독 좋아하는 등갈비.
미리 한 번 삶아두면 조리시간
단축은 물론 더 부드럽게 즐길 수
있답니다. 삶아 얼리면 바비큐,
찜 등 원하는 다양한 메뉴에
빠르게 활용할 수 있어 좋아요.

※ 밑재료 4인 기준, 각 활용요리 2인 기준

재료 등갈비 3대(1~1.2kg),
대파 1/2대, 마늘 3쪽,
통후추 1/2작은술

만드는 법
1 등갈비는 반나절 찬물에 담가 핏물을 제거한 뒤 냄비에 찬물을 넉넉하게
붓고 대파, 마늘, 통후추를 넣어 끓인다.
2 센 불에서 팔팔 끓으면 약한 불로 낮추어 30분 정도 삶아 등갈비가 익으면
건진다.
3 김치찜 등 국물요리를 할 경우 육수를 걸러 따로 보관한다.
4 바로 먹을 분량은 뼈와 뼈 사이를 잘라 한 조각씩 떼어둔다.
5 냉동 시에는 등갈비와 육수를 분리해 각각 밀폐포장한 뒤 얼린다.

〔 삶은 등갈비 〕

활용요리
01

활용요리
02

활용요리
03

등갈비김치찜

김치를 싫어하는 아이들도 자연스레
젓가락이 가는 요리입니다. 푹
끓여 한입에 벗겨지는 등갈비의
맛이 입안에서 사르르 녹지요.
김치국물이 배어 느끼하지
않아 온가족이 좋아하는 베스트
메뉴입니다.

씨앗등갈비강정

등갈비에 녹말가루를 묻혀 살짝
튀겨 맵지 않은 강정 양념에
버무렸어요. 생등갈비를 튀기면
속까지 익히는데 시간이 오래
걸려요. 삶은 등갈비의 물기만
제거해 활용하면 조리시간도 줄일
수 있어요.

등갈비발사믹조림

등갈비를 발사믹 양념에 졸이면
어떨까요? 오랜 시간 졸여
신맛은 날아가고 감칠맛만 남은
발사믹식초가 의외로 등갈비와 잘
어울린답니다. 졸임용 발사믹식초는
저렴한 대용량으로 구입해서
활용하길 권해요.

삶은 등갈비 활용요리

등갈비김치찜 01

재료 냉동 삶은 등갈비 2대, 김치 1/4쪽, 등갈비 삶은 육수 2컵, 다진 마늘·까나리액젓 또는 새우젓 1큰술씩

만드는 법
1 냉동한 삶은 등갈비와 육수는 미리 꺼내 밀봉한 그대로 해동시킨다.
2 김치는 먹기 좋게 4~5cm 길이로 썬다.
3 냄비에 해동한 등갈비와 김치를 고르게 담고 삶은 육수를 붓는다.
4 다진 마늘과 까나리액젓을 넣고 끓으면 약한 불로 줄여 20분 정도 뭉근히 끓인다.

씨앗등갈비강정 02

재료 냉동 삶은 등갈비 2대, 녹말가루·해바라기씨 또는 호박씨 1/2컵씩, 소금·후춧가루 약간씩, 식용유 5컵
강정 양념 토마토케첩 2큰술, 물엿·설탕·물 1큰술씩, 양조간장 1/2큰술

만드는 법
1 삶은 등갈비는 해동 후 물기를 제거하고 소금과 후춧가루로 밑간한다.
2 밑간한 등갈비는 앞뒤로 녹말가루를 묻혀 팬에 식용유를 예열한 뒤 3분간 튀겨낸다.
3 분량의 재료를 섞어 양념을 만들어 팬에 붓고 1분 정도 약한 불에서 졸인다.
4 ②의 튀긴 강정에 졸인 양념을 바르고 씨앗을 뿌린다.

01

02

03

등갈비발사믹조림 *03*

재료 냉동 삶은 등갈비 2대
발사믹 양념 발사믹 식초 1컵, 물엿 5큰술,
돈가스소스·맛술 3큰술씩, 다진 마늘·설탕·
양조간장·식용유 2큰술씩, 후춧가루 1/3
작은술

만드는 법
1 냉동한 삶은 등갈비는 양념이 잘 배도록
충분히 해동한다.
2 분량의 재료를 섞어 발사믹 양념을
만든다.
3 냄비에 해동한 등갈비와 발사믹 양념을
넣고 고루 섞는다.
4 센 불에서 끓기 시작하면 중간 불로
낮추어 양념이 배도록 섞어 졸인다.

부위별 요리
다짐육

양배추롤

'롤카베츠'라고 불리는 요리로, 양배추 안에 만두속 같은 다진 고기를 넣고 말아 부들부들하게 익힌 음식입니다. 달큰하고 부드러운 양배추에 어우러진 돼지고기와 토마토소스의 맛이 색달라요.

재료 돼지고기 다짐육 300g, 양배추 1/2통, 양파 1/2개, 달걀노른자 1개, 시판 토마토소스 1컵, 물 1/2컵
밑간 다진 마늘·맛술 1작은술씩, 소금 1/3작은술, 후춧가루 약간

만드는 법
1 양배추는 잎을 뗄 때 가운데 심을 제거한 뒤 살짝 부드러울 정도로만 데친다. 양파는 잘게 다진다.
2 볼에 돼지고기 다짐육과 다진 양파, 달걀노른자, 밑간 재료를 넣고 치댄다.
3 데친 양배추를 펼치고 ②를 초밥 크기로 올려 돌돌 말아준다.
4 냄비에 양배추롤을 올리고 토마토소스와 물을 부어 한 번 끓으면 중간 불에서 20분 정도 익힌다.

가지샌드튀김

물컹한 식감의 가지는 아이들이 기피하는 채소 중 하나이지요. 아예 튀겨서 가지의
식감을 바꿔 보았어요. 중국식 가지요리처럼 칼집낸 가지 속에 돼지고기 다짐육을
넣고 튀겼습니다. 초간장이나 칠리소스와 곁들이면 그 맛이 별미랍니다.

- -

재료 돼지고기 다짐육 200g, 가지 2개, 소금 1작은술, 식용유 5컵
고기 밑간 양념 양조간장 1/2큰술, 다진 마늘·참기름·녹말 1작은술씩, 후춧가루 약간
튀김 반죽 튀김가루 1컵, 물 1/2컵

만드는 법

1 돼지고기 다짐육은 밑간 양념을 넣고 치댄다.
2 가지는 2cm 두께로 어슷썰어 가운데 칼집을 2/3 정도 넣고 소금을 뿌린다.
3 튀김가루에 물을 넣어 반죽한다.
4 소금을 뿌린 가지를 키친타월에 올려 물기를 제거하고 칼집 사이에 ①의 고기소를 채운다.
5 냄비에 식용유를 붓고 180℃로 끓여 튀김반죽을 입힌 가지샌드를 튀긴다.

[**TIP**]
돼지고기 다짐육 활용법
돼지고기 다짐육은 보통 여러 부위를 기계로 갈아 포장되
어 판매되며 주로 채소 등과 섞어 만두소, 완자 등의 요리
로 활용합니다. 소고기 다짐육으로 만드는 요리에 돼지고
기 다짐육을 섞어 넣으면 식감이 부드러워집니다. 다짐육에
서 핏물이 많이 생겼을 때는 키친타월에 올려 적당히 제거
한 뒤 사용하세요.

부위별 요리
다짐육

마파두부덮밥

한번 맛보면 반하는 마파두부. 매콤한 중화요리이지만 고추기름만
빼면 맵지 않게 아이용으로도 만들 수 있습니다. 후다닥 만들기 쉬운
덮밥 요리로 추천합니다.

- -

재료 돼지고기 다짐육 200g, 밥 2공기(400g), 부침용 두부 1모(300g),
다진 파·녹말물·식용유 2큰술씩, 다진 마늘·두반장 1큰술씩, 굴소스 1/2큰술,
설탕·참기름 1작은술씩, 물 1/2컵
고기 밑간 맛술 1작은술, 후춧가루 약간

만드는 법
1 돼지고기 다짐육은 맛술과 후춧가루를 넣고 밑간한다.
2 두부는 주사위 모양으로 작게 썬다.
3 달군 팬에 식용유를 두르고 다진 파와 다진 마늘, 밑간한 다짐육을 넣어 볶는다.
4 ③에 물을 붓고 바르르 끓인다.
5 다짐육이 익으면 두부와 두반장, 굴소스, 설탕을 넣어 간한다.
6 녹말가루와 물을 1:1로 섞어 만든 녹말물로 농도를 맞춘 뒤 참기름을 둘러 마무리한다.

부위별 요리
다짐육 🐖

오코노미야키

아이들에게 채소를 먹이고 싶을 때면 달달한 양배추를 잔뜩 넣은 일본식
부침개 오코노미야키도 만들어주지요. 속재료로 베이컨이나 돼지고기
다짐육을 넣으면 든든하답니다. 가츠오부시 한 줌을 올려내면 춤추는 듯한
모습에 아이들도 좋아해요.

- -

재료 돼지고기 다짐육 100g, 양배추 1/4통, 대파 1/3대, 가츠오부시 한 줌,
돈가스 소스·마요네즈 1큰술씩, 식용유 적당량
고기 밑간 양조간장·맛술 1작은술씩, 후춧가루 약간
부침개 반죽 달걀 1개, 부침가루 5큰술, 물 약간

만드는 법
1 양배추는 채썰고 대파는 어슷하게 썬다.
2 돼지고기 다짐육은 분량의 재료를 넣고 밑간한다.
3 부침개 반죽은 다소 뻑뻑하게 물 양을 조절하며 반죽한다.
4 부침개 반죽에 채썬 양배추와 대파, 밑간한 다짐육을 넣어 섞는다.
5 달군 팬에 식용유를 두르고 ④를 두툼하게 올려 앞뒤로 노릇하게 굽는다.
6 구워낸 오코노미야키 위에 돈가스소스와 마요네즈를 뿌리고 가츠오부시를 올려낸다.

부위별 요리
다짐육

부위별 요리
삼겹살+목심살

차슈덮밥

통삼겹살을 양념에 졸이는 일본식 삼겹살 요리입니다. 그대로
즐기기도 하고 편썰어 라면이나 덮밥에 올려 먹기도 하지요. 매번
굽거나 삶아 먹던 삼겹살을 짭조름한 양념에 졸여 즐기세요. 졸인
삼겹살과 조림장을 여유있게 준비해 각각 밀폐보관 후 데워 먹어도
괜찮아요.

재료 돼지고기 삼겹살 덩어리 300g, 밥 2공기(400g), 어린잎채소 한 줌
조림장 양파 1/2개, 생강 1/2톨, 마늘 3쪽, 대파 1/3대, 팔각 1개(생략 가능),
양조간장 1/2컵, 맛술·물엿 3큰술씩, 흑설탕 2큰술, 통후추 1/2작은술, 물 1컵

만드는 법
1 삼겹살은 달군 팬에 겉면을 돌려가며 센 불에서 노릇하게 굽는다.
2 냄비에 분량의 재료를 넣어 조림장을 끓인다.
3 끓어오르면 겉면을 구운 삼겹살을 넣고 약한 불에서 양념을 끼얹어가며
30분 이상 졸인다.
4 삼겹살이 익고 노릇하게 졸여지면 꺼내 1cm 두께로 썬다.
5 ③의 향신 채소들을 건지고 걸쭉해지도록 졸인다.
6 밥에 졸인 삼겹살과 소스를 얹고 어린잎채소를 뿌려 먹는다.

목살사과조림

서양에서는 고기요리에 과일을 즐겨 넣습니다. 과일의 상큼한 맛은 자칫 퍽퍽하게
느껴지기 쉬운 돼지고기와도 잘 어울리지요. 사과향이 가득한 목살사과조림으로
아이들의 미각을 자극해보세요.

- -

재료 돼지고기 목심살 300g, 양조간장 1큰술
고기 밑간 생강술 1/2큰술, 다진 마늘 1작은술, 후춧가루 약간
사과소스 사과 1/2개, 설탕·물 2큰술씩, 버터 1/2큰술, 레몬즙 1작은술

만드는 법

1 목심살은 한입크기로 썰어 생강술과 다진 마늘, 후춧가루를 넣고 밑간한다.
2 사과는 세로로 4등분 후 얇게 슬라이스한다.
3 달군 팬에 버터를 녹이고 슬라이스한 사과와 설탕, 레몬즙을 넣어 볶는다.
4 ③에 물을 넣고 약한 불에서 서서히 졸여 사과소스를 만든다.
5 다른 달군 팬에 밑간한 목살을 굽는다.
6 고기가 거의 익으면 졸인 사과소스와 간장을 넣어 한 번 더 졸인다.

부위별 요리
삼겹살+**목심살**

대패삼겹살숙주볶음

얇게 썬 대패삼겹살은 질긴 고기를 싫어하는 아이들도 부담 없이 먹기 좋지요.
숙주와 함께 볶으면 풍미가 더욱 살아나요. 찬밥을 섞어 볶음밥을 만들거나 불린
쌀국수를 더해도 맛납니다. 대패삼겹살 대신 베이컨을 넣어도 맛있어요.

- -

재료 돼지고기 대패삼겹살 200g, 숙주나물 100g, 양파 1/2개, 굴소스 1큰술,
양조간장 1/2큰술, 후춧가루·식용유 약간씩

만드는 법
1 대패삼겹살은 먹기 좋은 크기로 썰고, 양파는 채썬다.
2 달군 팬에 식용유를 살짝 두르고 채썬 양파를 볶다가 대패삼겹살을 넣어 센 불에서 볶는다.
3 대패삼겹살이 거의 익으면 굴소스와 간장, 후춧가루로 간한다.
4 숙주를 넣어 숨이 죽지 않도록 빠르게 한 번 더 볶은 뒤 불을 끈다.

 ▶  ▶  ▶

부위별 요리
삼겹살+목심살

목살된장구이

된장으로 양념한 돼지고기 구이로 '맥적'이라고도 불립니다. 고기를 된장에
숙성시키면 누린내가 줄고 간도 적당히 배지요. 된장구이를 구울 때는 된장
양념이 쉽게 탈 수 있으니 약한 불에서 천천히 익혀주세요.

- -

재료 돼지고기 목심살 400g, 다진 쪽파 2큰술
된장 양념 된장 1과1/2큰술, 물엿 1큰술, 다진 마늘·생강술·국간장 1/2큰술씩,
참기름 1작은술, 후춧가루 약간

만드는 법
1 목심살을 칼등을 이용해 두드려 편다.
2 분량의 재료를 섞어 된장 양념을 만든다.
3 ①의 목심살에 된장 양념을 바르고 냉장실에 1시간 이상 두어 숙성시킨다.
4 달군 팬에 숙성한 목심살을 올려 약한 불에서 뒤집어가며 노릇하게 굽는다.
5 ④에 다진 쪽파를 고명으로 올려낸다.

부위별 요리
삼겹살+목심살

목살김치말이찜

잘 익은 김장김치에 고기를 돌돌 말아 푹 익힌 김치말이는 찌개 대신 간단하게
즐기기 좋은 메뉴입니다. 김치를 살짝 씻어 쓰면 아이들의 밥도둑 반찬이 되지요.
고기 없이 들기름에 들들 지져도 한 그릇 뚝딱입니다.

재료 돼지고기 목심살 400g, 김치 1쪽, 멸치육수 1과1/2컵, 된장 2큰술, 국간장 1큰술,
다진 마늘·들기름 1/2큰술씩

만드는 법
1 김치는 밑동을 제거하고 길이째 물에 대충 씻어 준비한다.
2 목심살을 세로로 길게 자른다.
3 김치를 잘 펴고 그 위에 목심살을 올려 된장을 조금씩 펴 바른다.
4 김치와 목심살을 같이 돌돌 말아준다.
5 냄비에 김치말이를 차곡차곡 담고 멸치육수와 국간장, 다진 마늘, 들기름을 넣어
약한 불에서 30분 정도 끓여 완성한다.

부위별 요리
삼겹살+목심살

부위별 요리
안심살+등심살

고구마치즈롤가스

아이들은 치즈가 들어간 음식을 유독 좋아하지요.
바삭한 돈가스에 고소한 치즈, 달콤한 고구마까지
한데 넣었답니다. 어디에 내놓아도 인기를 끌
아이용 고기반찬입니다.

재료 돼지고기 등심살 300g, 고구마 1개, 깻잎 5~6장,
달걀 2개, 빵가루 2컵, 모차렐라치즈 1컵, 밀가루 1/2컵,
우유 2큰술, 식용유 5컵
고기 밑간 소금 1/2작은술, 후춧가루 약간

만드는 법
1 등심살은 고기망치나 칼등으로 두들겨 넓게 편 뒤
소금과 후춧가루로 밑간한다.
2 고구마는 삶아 껍질을 벗겨 으깬 뒤 우유를 넣고 섞는다.
3 밑간한 등심살에 깻잎을 얹고 으깬 고구마와
모차렐라치즈를 올린 뒤 돌돌 만다.
4 달걀을 풀어 달걀물을 만든 뒤 ③을 밀가루…→달걀물…→
빵가루의 순서로 옷을 입힌다.
5 팬에 식용유를 붓고 빵가루를 떨어뜨렸을 때 바로
떠오르면 롤가스를 넣고 튀긴다.

안심장조림

돼지고기 안심살로 만든 장조림은 부드러워 아이들이 먹기 좋지요.
장조림에 메추리알을 넣으면 보관기간이 짧아지니 장조림을 오래두고
먹고 싶다면 고기와 메추리알을 분리해 보관하세요.

- -

재료 안심살 400g, 삶은 메추리알 10개
고기 삶는 양념 대파 1/2대, 마늘 3쪽, 맛술 1큰술, 통후추 1/2작은술
장조림 양념 고기 삶은 육수 1컵, 양조간장 2/3컵, 맛술·설탕 3큰술씩

만드는 법
1 돼지고기 안심살은 큼직하게 잘라 냄비에 고기가 잠길 정도로 물을 붓고 대파와 마늘, 맛술
통후추를 넣어 30분간 삶는다.
2 삶은 안심살은 건지고 육수는 면포에 거른다.
3 분량의 재료를 섞어 장조림 양념을 만든다.
4 냄비에 삶은 안심살과 분량의 장조림 양념을 넣고 센 불에서 끓인다. 끓어오르면 약한 불로
줄여 졸인다.
5 국물이 반 이상 줄어들고 고기에 색이 배면 메추리알을 넣고 5분 정도 더 졸인다. 한 김 식혀
메추리알은 따로 담고 고기는 결대로 먹기 좋게 찢어 양념에 담가 각각 보관한다.

부위별 요리
안심살+등심살

레몬소스탕수육

돼지고기 등심살은 씹는 맛이 좋아 탕수육 재료로 자주 이용하지요. 아이들
간식으로 환영받는 탕수육은 사 먹어도 좋지만 집에서 만들면 더 깔끔한
맛을 낼 수 있습니다. 엄마의 정성을 담아 만들어보세요.

- -

재료 돼지고기 등심살 300g, 적양배추 1/6통, 양파·레몬 1/2개씩, 녹말가루 2컵, 물 1컵, 식용유 5컵
고기 밑간 생강술 1큰술, 소금 1/3작은술, 후춧가루 약간
레몬소스 설탕·물 3큰술씩, 레몬즙 2큰술, 식초·녹말물 1큰술씩, 굴소스 1작은술

만드는 법

1 녹말가루와 물을 섞어 2시간 정도 두어 맑은 윗물은 버리고 가라앉은 녹말앙금을 만든다.

2 등심살은 결의 반대 방향으로 1.5cm 두께로 썰어 밑간한다.

3 적양배추와 양파는 채썰고 레몬은 슬라이스해서 4등분한다.

4 녹말앙금에 식용유를 1큰술 넣고 밑간한 등심살을 넣어 버무린다.

5 튀김팬에 식용유를 붓고 달구어 튀김옷을 넣었을 때 떠오르면 등심살을 튀긴다. 고기가 익으면 꺼내
한김 식힌 뒤 먹기 전에 한 번 더 튀겨 바삭하게 튀겨낸다.

6 냄비에 분량의 재료를 끓여 레몬소스를 만든다. 그릇에 튀긴 등심살과 채썬 채소, 레몬을 담고
소스를 곁들인다.

부위별 요리
안심살+등심살

돼지고기짜장볶음

아이들이 좋아하는 짜장 양념을 이용해 돼지고기볶음을 만들었어요. 짜장볶음은
짭조름해 밥반찬으로도 제격이지요. 양념의 양을 늘려 불린 떡을 넣고 볶으면
짜장떡볶이도 만들 수 있어요.

- -

재료 돼지고기 안심살 200g, 양파·청피망·홍피망 1/2개씩, 식용유 1큰술
고기 밑간 생강술 1큰술, 다진 마늘 1작은술, 후춧가루 약간
짜장 양념 짜장가루 1큰술, 물엿 2/3큰술, 맛술 1/2큰술, 참기름 1작은술

만드는 법

1 안심살은 결의 반대 방향으로 1cm 두께로 채썰어 밑간한다.
2 양파와 피망도 같은 두께로 채썬다.
3 볼에 분량의 재료를 넣고 섞어 짜장 양념을 만든다.
4 달군 팬에 식용유를 두르고 밑간한 안심살을 볶는다.
5 고기가 반쯤 익으면 채소를 넣어 같이 볶는다.
6 짜장 양념을 고루 섞어가며 한 번 더 볶는다.

부위별 요리
안심살+등심살

모둠버섯잡채

아이들이 좋아하는 버섯으로 만든 잡채입니다. 여러 가지 버섯이 들어가 맛과 향이
풍부하지요. 취향에 따라 피망을 함께 넣어 볶거나 데운 꽃빵을 곁들여도 좋아요.

재료 돼지고기 안심살 200g, 느타리버섯 100g, 팽이버섯 1/2봉지, 표고버섯 2개, 양파 1/2개,
부추 한 줌(20g), 식용유 2큰술, 굴소스 1과1/2큰술, 참기름 1작은술
고기 밑간 양조간장·생강술·설탕·녹말가루·식용유 1작은술씩, 후춧가루 약간

만드는 법

1 안심살은 결의 반대 방향으로 채썰어 분량의 양념을 넣고 밑간한다.
2 표고버섯과 양파는 안심살과 같은 크기로 채썰고 느타리버섯과 팽이버섯, 부추도 비슷한
길이로 썬다.
3 달군 팬에 식용유를 두르고 채썬 양파와 밑간한 안심살을 넣어 볶는다.
4 고기가 거의 익으면 표고버섯과 느타리버섯을 넣고 굴소스로 간해 볶는다.
5 팽이버섯과 부추, 참기름을 넣은 뒤 재빨리 섞고 불을 끈다.

부위별 요리
안심살+등심살

부위별 요리
앞다리살+뒷다리살

미소된장국

된장국 싫어하는 아이들도 일본식 된장으로 끓인 미소국은 곧잘
먹지요. 돼지고기를 넣어 구수하게 끓인 일본식 미소된장국을
준비했습니다. 우엉이나 연근과 같은 뿌리채소를 넣어 함께 끓이면
맛도 영양도 더 좋답니다. 뿌리채소를 넣는다면 10분 이상
더 끓여주세요.

재료 돼지고기 뒷다리살 200g, 무 1/4개, 당근 1개, 느타리버섯 100g,
다시마 우린 물(만드는 법 P93) 3컵, 미소된장 2큰술, 참기름 1작은술
고기 밑간 생강술 1/2큰술, 다진 마늘 1작은술, 후춧가루 약간

만드는 법
1 뒷다리살은 한입크기로 썰어 분량의 재료를 넣어 밑간한다.
2 무와 당근은 사방 2cm 크기로 큼직하게 썬다.
3 냄비에 참기름을 두르고 밑간한 뒷다리살을 넣어 중간 불에서 볶는다.
4 고기가 반쯤 익으면 무와 당근을 넣어 함께 볶는다.
5 분량의 다시마 우린 물을 붓고 미소된장을 푼다.
6 약한 불에서 무가 물러지도록 20분 정도 끓인 뒤 버섯을 찢어 넣고 한소끔
더 끓여낸다.

미소들깨소스돼지고기볶음

얇게 썬 돼지고기를 애호박이나 양배추 등 원하는 채소와 볶아 미소들깨소스로
마무리하면 돼지고기 특유의 감칠맛과 고소함이 배가됩니다. 돼지고기 대신
닭고기를 넣고 만들어도 좋아요.

- -

재료 돼지고기 앞다리살 200g, 애호박 1/3개, 식용유 약간
고기 밑간 다진 마늘·맛술 1작은술씩, 후춧가루 약간
미소들깨소스 미소된장·들깨가루 1과1/2큰술씩, 물엿 1큰술, 양조간장·맛술·설탕 1/2큰술씩,
들기름 1작은술

만드는 법
1 앞다리살은 한입크기로 썰어 다진 마늘과 맛술, 후춧가루로 밑간한다.
2 애호박은 반 갈라 앞다리살과 비슷한 크기로 얇게 편썬다.
3 분량의 재료를 섞어 소스를 만든다.
4 달군 팬에 식용유를 두르고 센 불에서 밑간한 앞다리살을 볶는다.
5 고기가 반쯤 익으면 애호박, 미소들깨소스를 넣어 볶아낸다.

수육과 과일겉절이

돼지고기로 만들기 쉬운 요리 중 하나가 수육입니다. 보통 새우젓이나 김치,
무생채 등을 곁들이지만 아이들은 강한 향으로 거부감을 갖기 일쑤지요.
단단한 제철과일을 활용해 겉절이를 만들었어요. 과일의 단맛이 매운맛도
줄이고 돼지고기의 느끼함도 덜어줘요.

재료 돼지고기 앞다리살 수육용 덩어리 400g, 사과·단감 1개씩, 배 1/2개씩, 부추 한 줌(20g)
고기 삶는 물 대파 1/2대, 마늘 2쪽, 월계수잎 1장, 통후추 1/2작은술
겉절이 양념 매실액 1큰술, 고춧가루 2/3큰술, 통깨·피시소스 또는 까나리액젓 1/2큰술씩,
다진 마늘·설탕 1작은술씩

만드는 법
1 냄비에 앞다리살이 잠길 만큼 넉넉히 물을 붓고 분량의 채소와 향신료를 넣어 1시간 정도 삶는다.
2 사과, 단감, 배는 채 썰고, 부추는 5cm 길이로 썬다.
3 분량의 재료를 섞어 겉절이 양념을 만든다.
4 삶은 앞다리살을 꺼내 한 김 식힌 후 먹기 좋은 두께로 썬다.
5 볼에 사과와 단감, 배, 부추를 담고 ③의 양념을 넣고 버무려 수육과 함께 낸다.

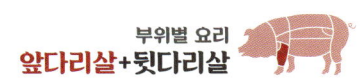

부위별 요리
앞다리살+뒷다리살

돼지고기생강구이

일본 드라마나 영화 속에서 자주 등장하는 '쇼가야키'라고 불리는 한 그릇
요리입니다. 덮밥의 형태로도 많이 즐기지요. 채썬 양배추를 곁들이는데
아이가 생채소를 싫어한다면 최대한 얇게 썰어주세요.

- -

재료 돼지고기 앞다리살 300g, 양배추 1/8통, 식용유 1/2큰술
고기 밑간 생강술 1큰술, 다진 마늘 1작은술, 후춧가루 약간
생강간장소스 양조간장·맛술 2큰술씩, 설탕 1큰술, 생강 간 것 1작은술, 후춧가루 약간

만드는 법
1 앞다리살은 한입크기로 잘라 분량의 재료를 넣고 밑간한다.
2 양배추는 가능한 얇게 채썰고, 분량의 재료를 섞어 생강간장소스를 만든다.
3 달군 팬에 식용유를 두르고 밑간한 앞다리살을 중간 불에서 굽는다.
4 고기가 거의 익을 때쯤 생강간장소스를 부어 끼얹으며 약한 불에서 졸인다.
완성되면 채썬 양배추를 곁들여낸다.

부위별 요리
앞다리살+뒷다리살

하얀비지찌개

잘게 썬 돼지고기를 넣은 비지찌개는 그 맛이 심심하면서도 깊지요.
신김치를 송송 썰어 넣으면 더 맛납니다. 아이용으로 김치를 한 번
씻어내고 하얀비지찌개를 끓여보세요.

재료 돼지고기 뒷다리살 100g, 김치 1/2쪽, 콩비지 2컵, 새우젓 1큰술, 참기름 1/2큰술, 물 1/2컵
고기 밑간 다진 마늘·맛술 1작은술씩

만드는 법

1 뒷다리살은 1cm 두께로 썰어 다진 마늘과 맛술로 밑간한다.
2 김치는 물에 씻어 송송 썬다.
3 달군 팬에 참기름을 두르고 밑간한 뒷다리살과 송송 썬 김치를 볶는다.
4 고기가 거의 익고 김치가 투명해지면 콩비지와 물을 넣고 끓인다.
5 한소끔 끓으면 새우젓으로 간을 한다.

부위별 요리
앞다리살+뒷다리살

부위별 요리
항정살+갈비+ 기타

항정살토마토오븐구이

구워 먹으면 그 쫄깃한 식감에 빠져드는 항정살. 하지만 기름기가 많아 구울 때마다 번거롭지요. 양파나 마늘 등 고기와 어울리는 재료와 함께 오븐에 구우면 냄새나 기름 걱정 없이 항정살을 즐길 수 있답니다. 구운 토마토와도 잘 어울려요.

재료 돼지고기 항정살 300g, 방울토마토 10개, 양파 1개, 마늘 5쪽

고기 밑간 소금 1/2작은술, 후춧가루·타임 약간씩

만드는 법
1 방울토마토는 반으로 가르고 양파는 채썰고 마늘은 편썬다.
2 오븐팬에 채썬 양파를 깔고 항정살을 올려 소금과 후춧가루, 타임으로 밑간한다.
3 방울토마토와 마늘 편을 골고루 올린다.
4 200℃로 예열한 오븐에서 10분간 구운 뒤 뒤집어서 10분 더 굽는다.

양념갈비구이

식당에서 종종 먹는 돼지갈비는 우리집 아이들이 가장 좋아하는 메뉴입니다.
아이들과 매번 외식하기 번거로워 직접 양념을 만들었지요. 구이용으로 손질된
갈비를 양념에 재우면 더 부드럽답니다. 구이용 갈비를 구하기 어렵다면 살이 넉넉히
붙은 찜용 갈비나 목심살을 구입해 지그재그로 칼집을 넣어 살을 펼쳐 사용하세요.

재료 구이용 돼지갈비 또는 목심살 1kg, 양파즙 2큰술, 후춧가루 약간
간장 양념 양조간장·맛술·물 1/2컵씩, 황설탕·물엿 2큰술씩, 계핏가루 1/4작은술

만드는 법
1 분량의 양념 재료를 냄비에 넣고 한 번 끓여 식힌다.
2 구이용 돼지갈비는 양념이 잘 배도록 살을 펼쳐 칼집을 넣는다.
3 찜용 갈비를 이용한다면 지방을 제거한 뒤 칼집을 넣어가며 살을 넓게 펴준다.
4 칼집 넣은 돼지갈비는 양파즙과 후춧가루를 넣고 밑간한다.
5 밑간한 돼지갈비에 분량의 간장 양념 재료를 넣고 재운 뒤 냉장실에 반나절 이상 숙성시킨다.
6 달군 팬이나 그릴에 타지 않도록 주의하면서 천천히 굽는다.

백순대볶음

각종 채소와 들깨가루를 넉넉히 넣고 볶은 순대볶음은 채소 섭취에
효과적인 메뉴입니다. 먹고 남은 소스에 자투리 채소를 잘게 잘라
김가루와 함께 볶음밥을 만들면 아이들 입맛에도 잘 맞아요.

- -

재료 찐 순대 300g, 양배추 1/8통, 양파 1/2개, 당근 1/3개, 대파 1/3대, 깻잎 8장, 식용유 1큰술
볶음 양념 들깨가루 1큰술, 양조간장·맛술 1/2큰술씩, 다진 마늘·설탕·들기름·통깨 1작은술씩,
소금 1/3작은술, 후춧가루 약간

만드는 법

1 순대는 한입크기로 썰고, 분량의 재료를 섞어 볶음 양념을 만든다.
2 양배추와 양파, 깻잎은 도톰하게 채썰고 당근과 대파는 납작하게 썬다.
3 달군 팬에 식용유를 두르고 양파, 양배추, 당근을 넣어 볶는다.
4 채소의 숨이 죽기 시작하면 순대와 대파, 볶음 양념을 넣어 볶는다.
5 채썬 깻잎을 넣어 한 번 더 볶는다.

[**TIP**]

어른용 매콤 고추장 양념
매콤한 순대볶음을 원한다면 고추장 양념을
곁들이세요. 양념에 찍어 먹어도 맛있답니다.

재료
고추장·들깨가루·물 2큰술씩, 다진 마늘·
고춧가루·설탕·식초 1큰술씩, 참기름 1작은술

부위별 요리
항정살+갈비+기타 🐷

족발조림

전날 먹다 남은 족발로 우리집에서 자주 해먹는 반찬이에요. 뼈에서 발라낸 고기에
껍질도 고루 넣어 양념에 졸이면 그냥 먹는 족발보다 맛나지요. 짭조름한 양념 덕에
밥반찬으로도 어울립니다. 남은 족발을 잘게 잘라 볶음밥 재료로 써도 좋아요.

재료 돼지 족발 고기 200g(또는 미니족 400g), 양파 1/2개, 마늘 3쪽, 식용유 적당량
조림 간장 양조간장 1큰술, 맛술·설탕·물엿 1/2큰술씩, 다진 마늘·참기름 1작은술씩

만드는 법
1 양파는 사방 2cm 한입크기로 썰고 마늘은 편으로 썬다.
2 달군 팬에 식용유를 두르고 편썬 마늘과 양파를 넣어 볶는다.
3 양파가 투명해지기 시작하면 족발 고기를 넣고 볶는다.
4 분량의 재료를 섞어 조림 간장을 만들어 ③에 부어 졸여낸다.

부위별 요리
항정살+갈비+기타

○ 1인 1닭 시대, 닭고기

국내 닭고기 소비량은 해가 갈수록 늘고 있는 추세입니다. 캠핑, 몸짱 트렌드에 힘입어 1인1닭 시대로 진입, 1인당 연간 닭고기 소비량이 약 15.4kg(2014년 기준)에 이르지요. 얼추 500g 통닭 11마리에 달하는 양입니다. 닭은 크게 알을 낳는 암탉인 산란계와 고기 용도로 사육하는 육계로 나뉘는데, 각각 부화한 지 150일, 25~40일의 닭입니다. 더 이상 알을 낳을 수 없는 산란계는 노계라 불리는데 쫄깃한 육질로 인기가 높지요. 최근 AI의 영향으로 수입양이 크게 늘었는데 미국산, 브라질산이 주를 이룹니다.

○ 닭고기 조리 팁

닭고기는 통닭 기준으로 중량규격과 품질등급 2가지로 등급이 판정됩니다. 중량규격은 5~17호로 나뉘는데 크게는 소, 중소, 중, 대, 특대로 분류되지요. 보통 삼계탕에는 5~6호 호수의 450~650g의 닭이 적당합니다. 품질등급은 1+, 1, 2등급으로 나뉘는데 아이 반찬재료로 구입한다면 1+ 등급을 권합니다. 날개, 다리, 가슴살 등 원하는 부위만 구입 가능한 부분육의 경우는 1, 2등급으로 나뉘며 최근 그 소비량이 늘고 있는 추세입니다.

닭 중량규격

규격	호수	중량(g)
소	5호	451~550
	6호	551~650
중소	7호	651~750
	8호	751~850
	9호	851~950
중	10호	951~1,050
	11호	1,051~1,150
	12호	1,151~1,250
대	13호	1,251~1,350
	14호	1,351~1,450
특대	15호	1,451~1,550
	16호	1,551~1,650
	17호	1651 이상

PART 3

닭고기로 만든 반찬

고단백 저칼로리의 대명사 닭고기. 육류 중 단백질 함유량이 가장
높은데다 칼로리는 낮아 인기가 높습니다. 섬유질이 가늘고 연해 맛이
부드럽고 소화흡수도 빨라 이유식 단계부터 섭취하기 좋지요.
1인1닭 시대, 더욱 다양한 조리법으로 닭고기를 즐겨보세요.

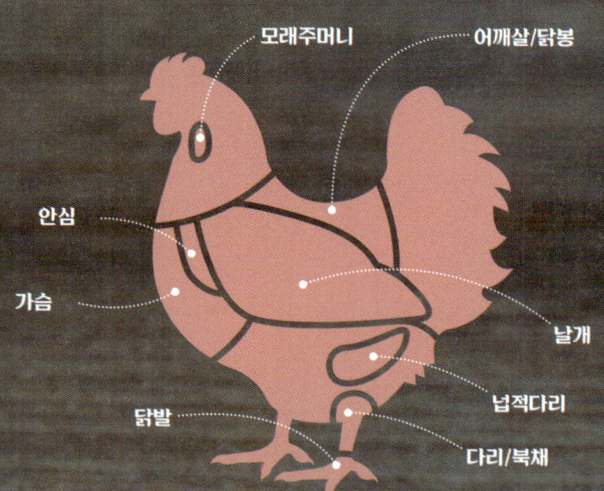

모래주머니　어깨살/닭봉

안심

가슴

날개

넙적다리

닭발　　다리/북채

Cuts of Chicken

닭고기 + 부위 선택
참고 국가표준식품성분표 제9개정판/100g 기준

가슴살

단백질 함유량 ⇒ 22.97g
칼로리 ⇒ 98kcal
조리 ⇒ 구이, 튀김, 볶음, 샐러드

단백질이 풍부하고 지방이 적어 맛도 담백합니다.
영양적 균형을 이루며 칼로리가 낮아 다이어트 식단에
단백질 보충용으로 자주 활용되지요. 지방 함유량이
적어 지나치게 익히면 퍽퍽할 수 있으니 주의하세요.
냉동보관 시에는 쉽게 마르므로 밀폐처리에 신경써야
합니다. 익혀서 보관하는 것도 좋은 방법입니다.

안심살

단백질 함유량 ⇒ 24.0g 살코기 기준
칼로리 ⇒ 106kcal 살코기 기준
조리 ⇒ 육회, 구이, 꼬치, 튀김, 조림

가슴살 안쪽에 가늘고 길게 붙은 고기로 단백질이
풍부하고 지방이 거의 없는 부위입니다. 가슴살보다
더 부드럽고 크기도 작지요. 안심살은 가운데 흰색의
힘줄이 있어 힘줄을 제거하고 조리해야 합니다. 손으로
잡아당기면 끊겨 완전히 제거되지 않을 수 있으니
칼이나 가위를 이용해 살살 제거하세요.

[POINT] **칼집 넣어 반 갈라 펼치기**

가슴살이 두툼해 익히기가 어렵다면 포를 뜨듯
가운데에 칼집을 넣어 반 갈라 사용한다.

[POINT] **힘줄 제거 후 사용**

가운데 하얀 힘줄이 있으므로 칼이나 가위를 이용해 살살
잘라낸다. 힘주어 손으로 뜯을 경우 끊어지므로 주의한다.

닭다리(북채)

단백질 함유량 ⇒ 19.41g
칼로리 ⇒ 144kcal
조리 ⇒ 조림, 스튜, 오븐구이, 튀김

닭의 무릎관절에서 발목까지의 부위로 근육의 비율이 가장 높습니다. 근육이 발달해 다른 부위에 비해 색이 짙으며, 지방과 단백질의 조화로 육질이 단단하고 식감도 쫄깃해 인기가 높지요. 살코기 부분이 두툼해 미리 칼집을 넣어 조리해야 고루 익고 양념도 잘 뱁니다.

닭다리살(넙적다리살)

단백질 함유량 ⇒ 18.59g 껍질 제거 기준
칼로리 ⇒ 179kcal 껍질 제거 기준
조리 ⇒ 볶음, 구이, 튀김

허벅지 부분의 뼈를 제거한 살코기입니다. 껍질이 붙어 있어 감칠맛이 좋고 기름기가 있어 육즙도 풍부한 부위입니다. 뼈를 발라내는 과정에서 고기의 두께가 고르지 않을 수 있으니 조리 시 두꺼운 부분은 칼집을 내거나 반으로 저며 두께를 편평하게 해주세요. 조리 시 고루 익히는 비결입니다.

[POINT] 비스듬히 칼집 넣기

살이 두툼한 부위는 조리 시 양념이 잘 배고 속까지 익도록 미리 2~3곳에 칼집을 넣어둔다.

[POINT] 껍질 아래 기름덩어리 제거

껍질과 살 사이의 기름 덩어리는 제거해야 더욱 담백하게 즐길 수 있다.

닭봉

단백질 함유량 ⇒ 18.78g 날개 기준
칼로리 ⇒ 168kcal 날개 기준
조리 ⇒ 조림, 오븐구이, 튀김

닭날개는 위쪽 '봉'과 아래쪽 '윙'으로 나뉘지요. 일명 미니 닭다리라 부리는 닭봉은 닭다리와 모양과 식감이 비슷합니다. 닭다리에 비해 크기가 작아 아이들이 먹기 특히 좋답니다. 껍질에 콜라겐이 있어 맛이 고소하지만 지방 섭취가 걱정된다면 껍질을 제거하고 조리하세요.

날개

단백질 함유량 ⇒ 18.78g
칼로리 ⇒ 168kcal
조리 ⇒ 조림, 볶음, 튀김

살은 적은 편이나 지방과 콜라겐이 많아 고소한 맛이 일품이지요. 살보다 껍질의 비율이 높아 육즙이 많고 풍미가 좋습니다. 특히 날개 끝 쪽은 살코기보다 펙틴질이 많아 조리를 하면 식감이 쫄깃해집니다. 국물이 잘 우러나 육수를 낼 때 사용해도 좋답니다.

[POINT] 구이용은 미리 모양 잡기

구이용 닭봉은 칼을 이용해 아래쪽 뼈 부분의 살을 위쪽으로 긁어모아 먹기 편하게 만든다.

[POINT] 힘줄 제거 후 사용

양념에 조리거나 버무릴 경우 칼집을 내 사용한다. 양념이 잘 배어 맛이 좋다.

모래주머니

단백질 함유량 ⇒ 16.87g
칼로리 ⇒ 78kcal
조리 ⇒ 구이, 튀김, 볶음

조류의 위에 해당하는 부분입니다. 근육이 많이 발달해 질기고 식감이 쫄깃해요. 지방 함량이 거의 없어 맛도 담백합니다. 두툼한 부위와 얇은 부위가 섞여 있어 조리 시 태우지 않고 속까지 완전히 익도록 주의를 기울여야 해요. 손질에 신경 써야 이물질 없이 깔끔하게 즐길 수 있습니다.

닭 전체

단백질 함유량 ⇒ 19.0g 성계 기준
칼로리 ⇒ 170kcal 성계 기준
조리 ⇒ 탕, 찜, 조림, 튀김, 구이

생닭은 용도에 따라 크기가 다양하므로 크기를 나타내는 호수를 보고 구입합니다. 중간 크기의 닭이 9호, 10호로 900~1,000g의 크기입니다. 1인용 삼계탕으로는 그보다 작은 5~6호가 적당합니다. 닭볶음탕에는 통닭보다는 미리 손질해 부위별로 잘라 포장한 것을 권합니다.

[POINT] **이물질 제거에 신경 쓰기**

조리 전에 반드시 막과 노란색의 이물질을 제거한 뒤 밀가루나 굵은 소금으로 문질러 씻는다.

[POINT] **기름기 많은 부위 잘라내기**

기름기가 많고 잘 먹지 않는 꼬리, 날개끝 등은 잘라낸다. 내부의 내장 뼈에 붙은 핏덩어리도 물에 씻어가며 제거한다.

재료
땅콩버터 3큰술,
다진 땅콩·마요네즈 2큰술씩,
올리고당 1큰술,
양조간장·설탕 1/2큰술씩

For
Chicken

닭고기
+ 기본 소스

담백한 맛의 닭고기는 강하지 않은
소스와 잘 어울립니다. 맵고 짠 양념
대신 레몬, 오렌지, 땅콩 등의 재료로
맛을 내지요. 닭고기의 담백함을
살려주는 소스 3가지를 소개합니다.

땅콩소스

땅콩버터를 넣어 더 고소한 땅콩소스는 월남쌈에 즐겨
내는 소스이지요. 지방이 적은 닭고기와도 궁합이
좋답니다. 땅콩은 쉽게 산화하기 때문에 필요할 때마다
만들어 먹는 것이 좋습니다.

 TIP
땅콩은 만들기 전에 다지기
땅콩은 먹기 직전에 칼등으로
다져서 바로 만들어야 고소한
향이 소스에 그대로 남는다.

재료
레몬·양파 1/2개씩,
마늘 3쪽, 생강 1/2톨,
양조간장·물 1컵씩,
맛술 2/3컵,
설탕·물엿 3큰술씩,
통후추 1/2작은술

재료
오렌지 1개,
오렌지주스 1컵,
버터·꿀 1큰술씩,
레몬즙 1/2큰술

데리야키소스

일식요리에 자주 활용되는 데리야키소스는 달콤한
간장 양념이라 아이들도 좋아합니다. 넉넉히 만들어
냉장고에 보관해두고 각종 조림이나 볶음요리에 수시로
활용하세요. 닭고기 요리에도 잘 어울려 닭봉조림, 닭꼬치
등에 고루 쓰여요.

오렌지소스

닭고기나 오리고기 같은 가금류에 어울리는 소스로
노릇하게 구운 고기요리에 곁들이는 서양식 소스예요.
분량의 재료를 넣어 졸여 만드는데 오렌지 속살을 넣으면
풍미가 더 좋답니다.

만드는 법
1 닭고기 특유의 냄새를 잡는 레몬과 향신채를 준비한다.
2 분량의 재료를 냄비에 모두 넣고 약한 불에서 양이
절반으로 줄어들 때까지 졸인다.
3 한김 식으면 체에 걸러 병입해 사용한다.

 TIP

오렌지 속살 내기
오렌지는 밑동을 잘라 세운
뒤 칼로 돌려가며 겉껍질과
속껍질을 한 번에 제거하고
속살을 바른다.

175

Chicken Base

닭고기 + 베이스 만들기
: 닭가슴살 구이

다이어트 식단으로 인기가 좋은 닭가슴살 구이는 집에서도 간단하게 만들 수 있습니다.
입맛에 맞는 닭가슴살 구이를 만들어보세요. 반찬이나 샐러드, 아이들 간식에 훌륭한
베이스 재료가 됩니다. 닭가슴살 부위는 수분이 적어 쉽게 마를 수 있으므로 보관 시
밀폐가 중요하며 2주 이내에 소비하는 것이 좋습니다.

※ 밑재료 4인 기준, 각 활용요리 2인 기준

재료 닭가슴살 4조각(400g), 소금 1/2큰술,
허브(파슬리·로즈마리·타임 중 선택) 1작은술,
후춧가루·식용유 약간씩

만드는 법
1 닭가슴살은 옆쪽으로 칼집을 넣어 반 가른다.
2 소금과 허브, 후춧가루로 밑간한다.
3 그릴팬을 달구어 식용유로 코팅한 뒤 중간 불에서 ②를
앞뒤로 굽고 약한 불로 낮춰 속까지 고르게 익힌다. 오븐에
구울 때는 너무 마르지 않도록 올리브유를 발라 굽는다.
4 식혀 진공팩이나 랩과 비닐을 이용해 소분하여 꼼꼼하게
감싸 냉동보관한다.

[닭가슴살 구이]

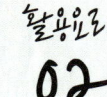

활용요리
01

활용요리
02

활용요리
03

고추장닭가슴살구이

입맛을 당기는 매콤달콤한 소스
덕에 퍽퍽한 살코기도 맛있게
먹을 수 있답니다. 아몬드를 뿌려
매운맛을 줄이면서 고소함을
더했어요. 입맛에 따라 아몬드 양을
늘려도 좋아요.

치킨퀘사디아

아이들이 무척 좋아하는
간식이지요. 토르티야 사이에
닭가슴살 구이와 각종 채소볶음을
넣어 식사대용으로도 손색없답니다.
패밀리레스토랑 메뉴를 집에서
간단하게 팬으로 구워보세요.

그릴드치킨샐러드

시저드레싱은 닭가슴살 샐러드와
잘 어울리지요. 특히 맛이 깊고
풍미가 좋아 샐러드에 대한
거부감이 있는 아이들도 주저 없이
먹게 됩니다. 시판 드레싱을 구입해
사용해도 좋아요.

닭가슴살 구이
활용요리

고추장닭가슴살구이 ⁰¹

재료 냉동 닭가슴살 구이 4조각(400g),
아몬드 슬라이스 3큰술, 식용유 1큰술
고추장 양념 고추장·물엿 1과1/2큰술씩,
토마토케첩 1큰술, 양조간장 2/3큰술, 맛술 1/2큰술,
참기름 1작은술, 후춧가루 약간

만드는 법
1 냉동 닭가슴살 구이는 미리 꺼내 해동한다.
2 분량의 재료를 섞어 고추장 양념을 만든다.
3 해동한 닭가슴살 구이는 앞뒤로 고추장 양념을
고루 바른다.
4 식용유를 두른 팬에 ③을 넣고 약한 불에서 앞뒤로
타지 않도록 굽는다. 이미 한 번 익힌 재료이므로
양념이 배일 정도로만 살짝 굽는다.
5 아몬드 슬라이스를 뿌려 마무리한다.

치킨퀘사디아 ⁰²

재료 냉동 닭가슴살 구이 2조각(200g), 토르티야 2장,
피망 1/2개, 양파 1/3개, 양송이버섯 3개, 슈레드치즈
1/2컵, 시판 피자소스 또는 토마토소스 3큰술,
후춧가루·식용유 약간씩

만드는 법
1 냉동 닭가슴살 구이는 미리 꺼내 해동해 사방 1cm
크기로 자른다
2 피망과 양파, 버섯은 닭가슴살과 비슷한 크기로 자른다.
3 달군 팬에 식용유를 두르고 채소를 넣고 후춧가루를
뿌려 중간 불에서 볶는다.
4 양파가 투명해지고 채소들이 무르기 시작하면 해동된
닭가슴살 구이와 피자소스를 넣고 고루 섞어 볶는다.
5 토르티야 위에 ④의 피자소스를 넉넉히 펼쳐 담고
슈레드치즈를 뿌린 뒤 토르티야를 한 장 더 덮는다.
6 마른 팬을 달구어 약한 불에서 ⑤의 퀘사디아를 치즈가
녹을 정도로 앞뒤로 구워 완성한다.

그릴드치킨샐러드 03

재료 냉동 닭가슴살 구이 2조각(200g), 샐러드 채소 또는 로메인상추 100g
시저드레싱 앤초비 2마리, 올리브유 5큰술, 마요네즈·파마산치즈 가루 2큰술씩,
설탕·레몬즙 1큰술씩, 우스터소스 1작은술, 다진 마늘 1/2작은술, 후춧가루 약간

만드는 법
1 냉동 닭가슴살 구이는 미리 꺼내 해동해 사방 1cm 크기로 자른다.
2 샐러드채소는 한입크기로 잘라 씻은 뒤 찬물에 담가두었다가 물기를 제거한다.
3 분량의 재료를 믹서에 모두 넣고 갈아 시저드레싱을 만든다.
4 마른 달군 팬에 해동한 닭가슴살 구이를 올려 살짝 구운 뒤, 접시에
샐러드채소와 함께 담고 시저드레싱을 곁들여낸다.

Chicken Base

닭고기 + 베이스 만들기
: 닭고기 완자

닭고기를 잘게 다져 완자나 전을 만들면 보들보들한 두부처럼 부드럽고 맛있지요.
닭고기 다짐육은 별도로 팔지 않으니 집에서 직접 다져 준비합니다. 수분 함량이
적은 닭가슴살을 잘게 다져 완자를 만들 때는 반드시 모양을 잡고나서 밀폐처리해
냉동보관하세요. 해동 후에는 수분이 빠져나와 모양 잡기가 어렵답니다.

※ 밑재료 4인 기준, 각 활용요리 2인 기준

재료 닭가슴살 6조각(600g), 양파 1/2개, 당근 1/4개,
대파 1/4대, 맛술 1작은술, 소금 1/2작은술, 후춧가루 약간

만드는 법
1 닭가슴살을 주사위 정도 크기로 대충 잘라 칼로 잘게
다지거나 푸드프로세서로 곱게 간다.
2 양파와 당근, 대파도 곱게 다진다.
3 ①에 다진 양파와 대파, 당근을 넣고 맛술과 소금,
후춧가루로 밑간하여 치댄다.
4 완자 반죽이 완성되면 원하는 모양으로 미리 성형해
보관용기나 랩으로 밀폐해 냉동보관한다. 해동 시에는
키친타월을 이용해 물기를 제거해 사용한다.

[닭고기 완자]

활용요리
01

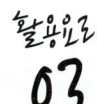
활용요리
02

활용요리
03

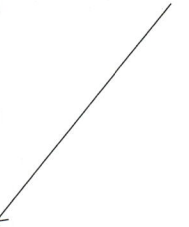

닭고기완자조림

닭고기 완자를 아이들이 좋아하는 토마토소스에 졸여 반찬으로 만들었어요. 새콤달콤한 소스가 고소한 닭고기 완자와 어우러져 난자완스 부럽지 않습니다. 맵지 않고 달콤해 어린 아이들도 잘 먹어요.

완자채소전

닭고기 다짐육에 각종 채소를 다져 넣고 전으로 부치면 한 끼 밥반찬이 해결되지요. 고소하고 담백해 그대로 즐겨도 맛나고 아이들이 좋아하는 토마토케첩을 곁들여도 맛있답니다. 채소 싫어하는 아이들도 먹기 좋아요.

닭고기완자탕

닭고기로 만든 담백한 완자에 두부를 넣어 탕을 끓였어요. 배춧잎을 넣고 끓인 국물이 달큰해 어린 아이들도 먹기 좋습니다. 어른용에는 칼칼한 고춧가루를 더하면 속까지 시원한 완자탕이 됩니다.

닭고기 완자
활용요리

01

02

닭고기완자조림 01

재료 냉동 닭고기 완자 300g, 청피망·홍피망
1/2개씩, 녹말가루 2큰술, 식용유 적당량
소스 양조간장·맛술·토마토케첩 1큰술씩,
설탕 2작은술, 물 2큰술

만드는 법
1 냉동 닭고기 완자는 미리 꺼내 키친타월 위에
올려 해동한 뒤 녹말가루에 굴려 고루 묻힌다.
2 피망은 완자와 비슷하게 사방 2cm 크기로
썬다.
3 달군 팬에 식용유를 약간 두르고 피망을 살짝
볶아 따로 덜어 둔다.
4 팬을 다시 달구어 식용유를 자작하게 두르고
중간 불에서 ①의 완자를 굴려가며 노릇하게
굽는다.
5 냄비나 팬에 분량의 소스 재료를 넣고 ④와
볶은 피망을 넣어 윤이 나도록 졸인다.

완자채소전 *02*

재료 냉동 닭고기 완자 300g, 빨강 파프리카 1/3개,
표고버섯 2개, 달걀 1개, 밀가루 1큰술,
소금·후춧가루·식용유 약간씩

만드는 법
1 냉동 닭고기 완자는 미리 꺼내 해동한다.
2 표고버섯은 밑동을 제거해 파프리카와 함께 잘게
다진다.
3 볼에 해동한 완자와 다진 채소, 달걀, 밀가루를 넣고
소금과 후춧가루로 간해 치댄다.
4 달군 팬에 식용유를 두르고 ❸을 한 스푼씩 떠넣어 중간
불에서 앞뒤로 노릇하게 굽는다.

닭고기완자탕 *03*

재료 냉동 닭고기 완자 300g, 두부 1/2모(150g), 배춧잎
3장, 팽이버섯 한 줌, 다시마 우린 물(만드는 법 P93) 3컵,
진간장 1큰술, 굵은소금 1/2큰술, 후춧가루 약간

만드는 법
1 냉동 닭고기 완자는 미리 꺼내 키친타월 위에 올려
해동한 뒤 녹말가루에 굴려 고루 묻힌다.
2 김오른 찜기에 면포를 깔고 해동한 완자를 넣고 15분간
찐다.
3 두부와 배춧잎은 완자와 비슷한 크기로 썰고,
팽이버섯은 2cm 길이로 썬다.
4 냄비에 다시마 우린 물을 붓고 진간장과 소금,
후춧가루로 간해 끓인다. 입맛에 따라 소금은 가감한다.
5 끓어오르면 찐 완자와 두부, 배춧잎, 팽이버섯을 넣고
한소끔 더 끓인다.

03

Chicken Base

닭고기 + 베이스 만들기
: 텐더치킨

뼈를 발라먹기 힘든 아이들에게 살코기로 만든 치킨은 인기 만점이지요.
닭가슴살이나 안심살을 빵가루를 묻혀 튀기면 돈가스보다 부드러워 아이들이 특히
좋아합니다. 빵가루에 파슬리 등의 허브나 케이준 양념을 더하면 색다른 향을 즐길
수 있어요. 미리 만들어 놓고 반찬으로 간식으로 다양하게 활용해보세요.

※ 밑재료 4인 기준, 각 활용요리 2인 기준

재료 닭고기 안심살 10조각(300g), 밀가루 1컵, 우유
1컵, 달걀 2개, 빵가루 2컵, 소금 1/2작은술, 후춧가루 약간,
식용유 적당량

만드는 법
1 안심살은 가운데 힘줄을 제거 후 우유에
10분간 담가 잡내를 제거한다.
2 ①의 안심살은 소금과 후춧가루로 밑간한다.
3 달걀을 풀어 달걀물을 만든 뒤 밑간한 안심살을 밀가루
┅→달걀물┅→빵가루의 순서로 튀김옷을 입힌다.
4 ③의 치킨은 소분해 냉동보관한다. 냉동되면서 수분이
나와 서로 들러붙을 수 있으니 반드시 사이사이에
유산지나 랩을 깔아 밀폐한 뒤 냉동보관한다.

[텐더치킨]

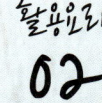

활용요리
01

활용요리
02

활용요리
03

순살치킨

번거롭게 튀김 반죽을 만들지
않고 빵가루만 묻혀 튀겨도
충분히 치킨처럼 즐길 수 있지요.
허니머스터드소스를 곁들이면 시판
텐더치킨 맛과 똑같답니다. 굳이
나가서 사 먹을 필요 없어요.

치킨마요덮밥

요즘 아이들 학교 앞에서 인기를
모으는 메뉴랍니다. 집에서도
아이들이 좋아하는 컵밥을
만들어보세요. 볼에 밥을 넣고
텐더치킨과 데리야키소스와
마요네즈로 맛을 내보세요.

치킨토르티야랩

토르티야 위에 텐더치킨과 채소를
올리고 돌돌 말면 영양만점의
간식이 완성됩니다. 종이나 랩으로
감싸면 손으로 들고 먹기 편해요.
특별한 날의 도시락 메뉴로도
권합니다.

순살치킨 이

재료 냉동 텐더치킨 6조각, 식용유 적당량
허니머스터드소스 마요네즈 2큰술, 머스터드소스 1큰술,
꿀 1/2큰술, 레몬즙 1/3작은술

만드는 법
1 냉동 텐더치킨은 미리 꺼내 해동한다.
2 팬에 식용유를 달구어 빵가루가 떠오를 정도로
예열되면 해동한 텐더치킨을 넣고 속살이 익고 노릇해질
때까지 10~15분간 튀긴다.
3 분량의 재료를 섞어 허니머스터드소스를 만든다.
4 튀긴 텐더치킨에 소스를 곁들여 함께 낸다.

텐더치킨 활용요리

02

치킨마요덮밥 02

재료 냉동 텐더치킨 4조각, 밥 2공기(400g), 양파 1개, 달걀 2개, 데리야키소스(만드는 법 P175)·마요네즈 2큰술씩, 소금·후춧가루 약간씩, 식용유 5컵

만드는 법
1 냉동 치킨텐더는 미리 꺼내 해동한다.
2 팬에 식용유를 달구어 빵가루가 떠오를 정도로 예열되면 해동한 텐더치킨을 넣고 속살이 익고 노릇해질 때까지 10~15분간 튀긴다. 한김 식혀 1cm 두께로 썬다.
3 양파는 사방 1cm 크기로 썬다.
4 달걀을 풀어 소금과 후추로 간한 뒤 달군 팬에 식용유를 두르고 부어 젓가락으로 저어가며 스크램블해 덜어둔다.
5 같은 팬에 식용유를 두르고 양파를 볶다가 양파가 투명해지면 데리야키소스를 넣고 약한 불에서 살짝 졸인다.
6 밥 위에 볶은 양파와 달걀스크램블, 튀긴 텐더치킨을 올리고 마요네즈와 데이야키소스를 뿌려낸다.

03

치킨토르티야랩 03

재료 냉동 텐더치킨 4조각, 토르티야 4장, 양상추 6장, 토마토 1개, 플레인요구르트 1컵, 슬라이스 치즈 2장, 식용유 5컵

만드는 법
1 냉동 치킨텐더는 미리 꺼내 해동한다.
2 팬에 식용유를 달구어 빵가루가 떠오를 정도로 예열되면 해동한 텐더치킨을 넣고 속살이 익고 노릇해질 때까지 10~15분간 튀긴다.
3 양상추는 채썰고 토마토는 속을 제거해 1cm 두께의 반달모양으로 썬다. 치즈는 각각 2등분 한다.
4 토르티야에 튀긴 텐더치킨, 양상추와 토마토, 치즈 1/2장을 올린 뒤 플레인요구르트를 뿌린다.
5 돌돌 말아 종이호일이나 비닐랩으로 감싸 고정한다.

부위별 요리
가슴살+안심살

치킨망고샐러드

부드러운 닭고기 안심살과 달콤한 망고가 만난
건강식 샐러드예요. 망고의 달콤함이 채소의 쓴맛을
숨겨줍니다. 고기와 채소, 과일까지 한 번에 먹을 수
있어 든든한 샐러드랍니다.

재료 닭고기 안심살 4조각(120g), 망고 1개,
샐러드채소 100g, 크랜베리 2큰술
고기 삶은 양념 마늘 2쪽, 맛술 1큰술, 통후추 1/2작은술
요구르트드레싱 플레인요구르트 1/2컵, 꿀 1큰술, 레몬즙
1작은술, 소금 1/4작은술, 후춧가루 약간

만드는 법

1 냄비에 안심살이 잠길 정도의 물을 붓고 마늘과 맛술,
통후추를 넣어 안심살이 완전히 익도록 10분간 삶는다.
2 망고는 세로로 세워 좌우 과육을 자른 뒤 세로, 가로로
칼집을 내 주사위 모양으로 큼직하게 썰어 칼을 눕혀
과육을 잘라낸다.
3 분량의 재료를 섞어 요구르트드레싱을 만든다.
4 삶은 안심살을 한입크기로 자른다.
5 샐러드채소는 찬물에 담가 물기를 제거한다.
6 샐러드채소에 삶은 안심살과 망고를 올리고 드레싱과
크랜베리를 뿌려낸다.

코코넛커리

코코넛 밀크로 부드럽게 끓인 동남아식 닭고기 카레예요. 코코넛 성분이
가미되어 일반 카레에 비해 달콤한 향과 맛이 더하지요. 우유와 달걀을 넣어
매운 카레를 잘 먹지 못하는 아이들 입맛에 맞추었어요.

- -

재료 닭가슴살 1조각(100g), 브로콜리 1/2송이, 양파·당근 1/2개씩, 후춧가루·식용유 약간씩
카레소스 달걀 1개, 우유 2/3컵, 코코넛 밀크 1/2컵, 카레가루 3큰술, 설탕 1작은술

만드는 법

1 닭가슴살은 주사위 모양의 한입크기로 썬다.

2 브로콜리는 송이만 따로 떼고, 양파와 당근은 한입크기로 썬다

3 분량의 재료를 섞어 카레소스를 만든다.

4 달군 냄비에 식용유를 두르고 한입크기로 썬 닭가슴살에 후춧가루를 뿌려 볶는다.

5 닭가슴살이 노릇하게 익기 시작하면 준비한 채소를 넣고 같이 볶는다.

6 양파가 투명해지면 ③의 카레소스를 부어 걸쭉하게 끓여낸다.

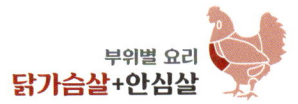

부위별 요리
닭가슴살+안심살

캘리포니아치킨롤

색다른 김밥을 맛보고 싶은 날에는 닭가슴살로 캘리포니아롤을 만듭니다.
아보카도가 들어가 입안에 고소함이 가득하지요. 아이 입맛에 따라 간장을
곁들이거나 속재료를 더하세요.

- -

재료 닭가슴살 1조각(100g), 밥 1과1/2공기(300g), 김밥용 김 2장, 아보카도 1개, 오이 1/2개,
마늘 2쪽, 맛술 1큰술, 통후추 1/2작은술, 식용유 약간,
달걀지단 달걀 2개, 맛술 1큰술, 설탕 1/2작은술, 소금 1/3작은술
마요네즈 양념 마요네즈 1과1/2큰술, 설탕 1작은술, 후춧가루 약간
밥 양념 검은깨 1큰술, 참기름 1/2작은술, 설탕 1/3작은술, 소금 1/4작은술

만드는 법

1 냄비에 닭가슴살이 잠길 정도의 물을 붓고 마늘, 맛술, 통후추를 넣어 닭가슴살이 속까지 익도록
15분간 삶은 뒤 한 김 식혀 잘게 찢는다.
2 분량의 재료를 섞어 마요네즈 양념을 만들어 ①의 잘게 찢은 닭가슴살을 버무린다.
3 달걀지단 재료를 섞어 식용유를 두른 팬을 키친타월로 닦은 뒤 도톰하게 부쳐 길게 썬다.
4 아보카도는 껍질과 씨를 제거하고 0.2cm 두께로 썰고 오이는 길게 채썬다.
5 밥에 분량의 양념을 넣어 섞은 뒤 김밥용 김 위에 깔고 랩을 사각으로 잘라 덮는다.
6 랩 부분이 바닥에 닿도록 김발을 놓고 ②와 오이, 아보카도, 달걀지단을 올린다. 랩을 이용해 밥이
바깥으로 나오도록 김밥을 말아 먹기 좋은 크기로 썬다.

[TIP]
아보카도 보관법
너무 딱딱한 아보카도는 되도록 피하세요. 숙성이 덜 되어 맛도
떨어지고 복통을 일으킬 수도 있지요. 실온에서 하루이틀 숙성
시켜 약간 말랑해져야 풍미가 좋아요.

부위별 요리
닭가슴살+안심살

견과류닭볶음

닭고기와 견과류는 의외로 궁합이 좋아요. 중국이나 동남아 등지에서는
견과류를 활용한 닭고기 음식이 많답니다. 그중 굴소스를 활용한 간단하고
맛있는 견과류 닭볶음을 소개합니다. 밥반찬으로 즐기세요.

- -

재료 닭고기 안심살 5조각(150g), 캐슈너트·아몬드 1/2컵씩, 다진 파 2큰술,
굴소스 1과1/2큰술, 식용유 1큰술, 다진 마늘·흑설탕·참기름 1작은술씩
고기 밑간 양조간장·맛술 1작은술씩, 후춧가루 약간

만드는 법
1 캐슈너트와 아몬드는 마른 팬에 살짝 볶는다.
2 안심살은 한입크기로 잘라 간장, 맛술, 후춧가루로 밑간한다.
3 달군 팬에 식용유를 두르고 다진 파와 마늘을 볶는다.
4 파와 마늘 향이 나면 밑간해둔 안심살을 넣어 볶는다.
5 고기가 거의 익었을 때 ①의 견과류와 굴소스, 흑설탕, 참기름을 넣고 볶는다.

 ▶  ▶  ▶

 ▶

부위별 요리
닭가슴살+안심살

195

닭가슴살로 만든 월남쌈

단백질이 풍부한 닭가슴살로 아이 밥상을 차리고 싶은데 마땅한 요리가 떠오르지
않는 날이라면 월남쌈을 추천해요. 자투리 채소를 활용해 심심한 닭가슴살을 맛있게
먹을 수 있지요. 온가족이 둘러앉아 먹기도 좋답니다.

- -

재료 닭가슴살 2조각(200g), 빨강 파프리카·노랑 파프리카·오이 1/2개씩, 적양배추 1/4통,
깻잎·라이스페이퍼 10장씩
고기 삶는 양념 맛술 1큰술, 통후추 1/2작은술
땅콩소스 땅콩버터 3큰술, 마요네즈 2큰술, 올리고당 1큰술, 양조간장·설탕 1/2큰술씩

만드는 법
1 냄비에 닭가슴살이 잠길 정도의 물을 붓고 맛술과 통후추를 넣어 닭가슴살이 속까지 익도록
15분간 삶는다.
2 삶은 닭가슴살을 건져 잘게 찢는다.
3 파프리카와 오이, 적양배추는 너무 굵지 않게 채썬다.
4 따뜻한 물에 라이스페이퍼를 담갔다 꺼내 그 위에 깻잎을 얹고 채썬 채소와 잘게 찢은
닭가슴살을 올려 돌돌 만다.
5 분량의 재료를 섞어 땅콩소스를 만들어 곁들여낸다.

부위별 요리
닭가슴살+안심살

아스파라거스치즈롤

다소 퍽퍽하고 밋밋한 닭가슴살을 색다르게 준비해봤어요. 닭가슴살에
아이들이 좋아하는 치즈와 아삭아삭 씹히는 아스파라거스를 넣고 돌돌 말아
오븐에 구웠지요. 늦은 오후 간식으로도 제격이랍니다.

- -

재료 닭가슴살 2조각(200g), 아스파라거스 6줄기, 슬라이스 치즈 2장, 올리브유 1큰술, 소금 약간
고기 밑간 소금 1/2작은술, 후춧가루 약간

만드는 법
1 닭가슴살은 옆쪽으로 칼집을 넣어 반 가른 뒤 칼등이나 고기망치로 두드려 편다.
2 두드려 편 닭가슴살에 소금과 후춧가루로 밑간한다.
3 아스파라거스는 길이대로 2등분하여 끓는 소금물에 살짝 데치고 슬라이스 치즈는 반 자른다.
4 밑간한 닭가슴살 위에 치즈와 데친 아스파라거스 3~4개를 올려 돌돌 만다.
5 ④의 롤에 올리브유를 발라 달군 팬에서 구워낸다. 180℃로 예열한 오븐에 15분 구워도 좋다.

[TIP] **180℃ 예열한 오븐에서 15분 굽기**
오븐을 활용한다면 180℃로 예열한 오븐에서 15분간 구워요. 오븐 팬
에 롤을 올릴 때는 여밈 부분이 바닥에 가도록 해야 중간에 풀리지 않습
니다. 고기가 너무 두꺼워 고정하기 어렵다면 이쑤시개를 활용하세요.

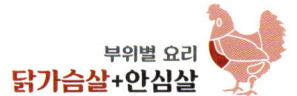

부위별 요리
닭가슴살+안심살

부위별 요리
닭다리살(넙적다리살)

치즈퐁뒤닭갈비

춘천으로 떠난 가족여행에서 맵다맵다 하면서도
닭갈비를 잘 먹던 아이들을 떠올리며 만든
메뉴예요. 치즈를 퐁뒤처럼 녹여 찍어 먹으니
매운맛도 줄고 재미도 더해 가족 모두 즐기기
좋습니다.

재료 닭다리살 300g, 양배추 1/6통, 양파·고구마 1/2개씩,
대파 1/2대, 모차렐라치즈 1컵, 우유 3큰술, 식용유 2큰술
닭갈비 양념 고추장 3큰술, 양조간장·설탕 2큰술씩, 다진
마늘·고춧가루·맛술·물엿 1큰술씩, 생강술·참기름
1작은술씩, 후춧가루 1/3작은술

만드는 법

1 분량의 재료를 섞어 닭갈비 양념을 만든다. 닭다리살은
한입크기로 썰어 닭갈비 양념의 2/3를 넣고 버무려
냉장실에서 1시간 이상 숙성시킨다.
2 양배추와 양파는 도톰하게 채썰고, 고구마는 납작하게
썰고 대파는 어슷하게 썬다.
3 달군 팬에 식용유를 두르고 양념한 닭다리살을 볶는다.
4 고기가 반쯤 익으면 채소와 남은 양념을 넣어 볶는다.
5 모차렐라치즈와 우유를 섞어 전자레인지에 30초~1분
녹여 ④의 닭갈비와 함께 낸다.

오렌지소스를 곁들인 치킨스테이크

특별한 양념 없이 닭다리살만 밑간해 껍질이 바삭해지도록 팬에서 구우면
맛난 로스트치킨이 만들어져요. 새콤달콤한 오렌지소스를 함께 곁들이면
아이들 입맛에도 딱인 치킨스테이크가 완성됩니다.

- -

재료 닭다리살 320g, 식용유 2큰술, 버터 1큰술
고기 밑간 소금 1/2작은술, 타임·후춧가루 약간씩
오렌지소스 오렌지주스 1컵, 꿀 1큰술, 레몬즙 1/2큰술, 소금·후춧가루 약간씩

만드는 법
1 닭다리살은 소금과 타임, 후춧가루를 뿌려 앞뒤로 고루 밑간한다.
2 센 불에서 팬을 달구어 식용유를 두르고 닭의 껍질이 있는 면부터 굽는다.
3 한쪽 면이 노릇하게 익고 측면이 1/3 정도 익으면 뒤집는다.
4 반대쪽도 노릇하게 굽는다. 닭다리살의 두께가 두꺼우면 중간에 뚜껑을 닫아 속까지 익힌다.
5 분량의 재료를 한데 섞어 소스를 만든다.
6 다른 팬에 버터를 녹이고 오렌지소스를 넣고 졸여 치킨스테이크에 뿌려낸다.

부위별 요리
닭다리살

닭고기연근조림

연근, 우엉 등의 뿌리채소는 아이들도 좋아하는 식재료예요.
뿌리채소 조림에 영양 가득한 닭고기를 넣어보세요. 쫄깃한 닭다리살이
아삭한 연근의 식감과 잘 맞아요.

재료 닭다리살 200g, 연근 1/2개, 식초 2큰술, 식용유 적당량
고기 밑간 맛술 1작은술, 소금 1/3작은술, 후춧가루 약간
조림 간장 양조간장 2큰술, 맛술·올리고당·설탕 1큰술씩, 다진 마늘·참기름 1작은술씩, 물 1/3컵

만드는 법
1 닭다리살은 한입크기로 썰어 밑간한다.
2 연근은 한입크기로 썰어 식초 2큰술을 푼 식초물에 20분간 담가 갈변을 방지하고 떫은맛을 줄인다.
이후 끓는 물에 5분간 삶아 건진다.
3 달군 팬에 식용유를 두르고 밑간해둔 닭다리살을 볶는다.
4 닭고기 겉면이 노릇해지면 삶은 연근을 넣고 같이 볶는다.
5 분량의 재료를 섞어 조림 간장을 만들어 ④에 넣고 약한 불에서 20분 넘게 윤기나게 졸인다.

부위별 요리
닭다리살

닭고기달걀덮밥

'오야코동'이라고 불리는 일본식 덮밥이에요. 닭고기와 달걀을 자작한 육수에
졸여 밥 위에 얹어 먹지요. 육수의 감칠맛이 돌아 밥 한 그릇 뚝딱하기 좋답니다.
밥 먹을 시간이 부족하거나 입맛 없는 아이들의 별미로 추천해요.

- -

재료 닭다리살 160g, 밥 2공기, 양파 1/2개, 달걀 2개, 가츠오육수 1컵,
양조간장·맛술 2큰술씩, 다진 쪽파 1큰술, 후춧가루 약간
고기 밑간 양조간장 1큰술, 맛술 1/2큰술

만드는 법
1 닭다리살은 한입크기로 썰어 간장과 맛술을 넣고 밑간한다.
2 양파는 채썰고 달걀은 풀어 달걀물을 만든다.
3 냄비에 밑간해둔 닭다리살과 채썬 양파를 넣고 가츠오육수, 간장, 맛술, 후춧가루를 넣고 중간
불에서 5분 정도 끓인다.
4 닭고기가 익으면 약한 불로 낮추고 달걀물을 얹어 살짝 끓여 밥에 올린 뒤 다진 쪽파를 뿌려낸다.

[TIP]

가츠오부시육수 만들기
냄비에 물을 붓고 끓여 끓어오르면 가츠오부시를
넣어 1분 정도 끓인 뒤 불을 끈다. 약 5분 뒤
가츠오부시를 건져낸다.

재료
가츠오부시 1/2컵(10g), 물 4컵

부위별 요리
닭다리살

데리야키 치킨 오니기리

아이들이 어릴 때 멸치주먹밥을 자주 만들었어요. 요즘은 속재료를 바꿔가며
일본식 삼각김밥 오니기리를 즐겨 해줍니다. 달달한 데리야키소스로 졸인
닭고기를 고명으로 넣어주면 그 어떤 속재료보다 맛있답니다.

- -

재료 닭다리살 160g, 밥 2공기(400g), 양파 1/2개, 김(15x8cm) 4장,
데리야키소스(만드는 법 P175) 2큰술, 식용유 약간
고기 밑간 맛술·다진 마늘 1/2작은술씩, 후춧가루 약간
밥 양념 통깨 1/2큰술, 참기름 1작은술, 소금 1/3작은술

만드는 법
1 닭다리살은 껍질을 제거하고 주사위 모양으로 잘라 밑간한다.
양파는 사방 1cm 크기로 작게 썬다.
2 달군 팬에 식용유를 두르고 잘게 썬 양파와 밑간해둔 닭다리살을 볶는다.
3 고기가 거의 익으면 데리야키소스를 넣고 약한 불에서 국물이 거의 졸아들도록 졸인다.
4 볼에 밥과 분량의 양념을 넣고 고루 섞는다.
5 양념한 밥을 4등분해 동그랗게 펼친 뒤 가운데에 ③을 올린다.
6 밥을 동그랗게 잡아 삼각형 모양으로 틀을 잡고 김으로 감싼다.

부위별 요리
닭다리살

파인애플닭꼬치

아이들은 한 손에 들고 먹는 꼬치구이를 참 좋아하지요. 뼈를 발라낸
닭다리살에 아이들이 좋아하는 채소나 과일을 꽂아 구우면 영양적으로도
훌륭해요. 구운 파인애플은 신맛은 줄고 달콤한 향은 더해 더 맛납니다.

- -

재료 닭다리살 320g, 파인애플 1/4통, 데리야키소스 1/2컵(만드는 법 P175),
식용유 적당량
고기 밑간 맛술 1큰술, 소금 1/2작은술, 후춧가루 약간

만드는 법
1 닭다리살은 한입크기로 잘라 밑간한다. 파인애플도 같은 크기로 자른다.
2 꼬치에 밑간해둔 닭다리살과 파인애플을 번갈아 꽂는다.
3 달군 그릴팬은 식용유로 코팅하고 ②의 꼬치를 올려 그릴 모양이 남도록 굽는다.
4 분량의 데리야키소스를 꼬치 앞뒤 면에 발라 뒤집어가며 익힌다.

부위별 요리
닭다리살

부위별 요리
닭봉+닭날개+닭다리

깐풍날개

닭날개는 그 맛이 고소하고 쫄깃해 아이들이 서로 먹겠다고 다투기도
하지요. 하지만 살이 적고 껍질이 많아 자칫 잘못 조리하면 느끼하죠.
오늘은 살짝 튀겨 중국식 깐풍소스를 얹었어요. 튀김옷이 얇아
느끼하지 않고 고소하답니다.

재료 닭날개 10개, 양파·청피망·홍피망 1/4개씩, 녹말가루 1/4컵, 식용유 1컵
고기 밑간 맛술 1/2큰술, 소금 1/3큰술, 후춧가루 약간
깐풍소스 식초 2큰술, 굴소스·양조간장·설탕·식용유 1큰술씩, 물 3큰술

만드는 법
1 양파와 피망은 잘게 다진다.
2 닭날개는 칼집을 넣고 분량의 재료를 넣어 밑간한 뒤 녹말가루를 앞뒤로
묻힌다.
3 팬에 식용유 1컵을 붓고 달궈 녹말가루를 묻힌 닭날개를 넣고 튀기듯 굽는다.
4 다른 팬에 식용유 1큰술을 두르고 다진 양파와 피망을 볶는다.
5 ④에 깐풍소스 재료를 모두 넣고 졸인다.
6 소스가 졸아들기 시작하면 튀긴 닭날개를 넣어 버무린다.

콜라닭조림

콜라로 만드는 닭고기 요리는 인터넷에서 유명해진 레시피이지요. 처음에는 진짜
콜라로 조림이 가능할까, 달랑 콜라 한 컵으로 맛이 날까 의구심이 들지만 일단
한 번 만들어보세요. 콜라와 간장에 졸여지면서 점점 먹음직스럽게 변해가는
닭봉의 변화가 놀랍답니다. 마치 데리야키소스에 졸인 닭고기처럼 맛나요.

- -

재료 닭봉 10개, 콜라 1컵, 양조간장 1과1/2큰술, 다진 마늘·식용유 1큰술씩

만드는 법
1 닭봉에 콜라가 잘 스미도록 칼집을 넣는다.
2 달군 팬에 식용유를 두르고 다진 마늘을 넣어 향을 낸다.
3 ②에 칼집낸 닭봉을 올려 겉면만 노릇하게 굽다가 분량의 콜라와 간장을 넣어 졸인다.
4 중간중간 거품을 떠가며 약한 불에서 20분 정도 졸여 완성한다.

부위별 요리
닭봉+닭날개+닭다리

닭봉강정

튀긴 닭을 싫어하는 아이는 거의 없지요. 닭봉을 오븐에 구워 건강식 치킨을
만들었어요. 닭봉은 크기가 적당해 익히는 시간도 짧고 아이들이 잡고 먹기
편하지요. 오븐에 구워낸 닭봉에 간장소스를 버무리면 유명 치킨집 메뉴가
부럽지 않답니다.

재료 닭봉 10개, 녹말가루 3큰술, 아몬드 슬라이스·식용유 1큰술씩
고기 밑간 맛술 1작은술, 소금 1/3작은술, 후춧가루 약간
마늘간장소스 양조간장 2큰술, 다진 마늘·식초·올리고당 1큰술씩, 설탕 1/2큰술, 후춧가루 약간

만드는 법
1 닭봉은 분량의 재료를 넣고 밑간해 녹말가루와 식용유를 넣어 버무린다.
2 180℃로 예열한 오븐에 ①의 닭봉을 넣고 20분 정도 굽는다.
3 팬에 분량의 마늘간장소스 재료를 한데 붓고 끓인다.
4 오븐에서 노릇하게 구워진 닭봉구이는 마늘간장소스를 넣고 버무린다.
5 접시에 담아 아몬드 슬라이스를 뿌려낸다.

부위별 요리
닭봉+닭날개+닭다리

닭다리토마토찜

닭고기를 토마토소스에 졸인 스튜 형태의 이탈리아 요리 '카챠토레 Cacciatore'
를 활용한 요리입니다. 비주얼은 닭볶음탕 같지만 맵지 않아 아이들 반찬으로도
안성맞춤이지요. 빵이나 삶은 파스타를 함께 곁들여도 잘 어울려요.

- -

재료 닭다리 4개, 가지 1/2개, 주키니호박 1/3개, 시판 토마토소스 2컵,
다진 양파·올리브유 2큰술씩, 다진 마늘 1큰술, 소금 1작은술, 오레가노 약간, 물 1/2컵
고기 밑간 소금 1/3작은술, 후춧가루 약간

만드는 법
1 닭다리는 소금과 후춧가루로 밑간한다.
2 가지와 호박은 주사위 모양으로 잘게 썬다.
3 냄비에 올리브유를 두르고 다진 양파와 마늘을 넣어 볶는다.
4 ③에 밑간해둔 닭다리와 잘게 썬 가지, 호박을 넣어 노릇해질 때까지 겉면을 굽는다.
5 토마토소스와 소금과 오레가노, 물을 넣고 끓인다.
6 20분 정도 약한 불에서 끓여 완성한다.

요리 부위
닭봉+닭날개+닭다리

닭다리허브버터구이

허브버터를 통닭에 고루 발라 오븐에 구워낸 오븐구이통닭은 우리 가족의
휴일 메뉴였지요. 하지만 통닭 손질이 번거롭고 오븐에 굽는 시간도 너무 길어
큰맘 먹고 만들어야 했습니다. 통닭 대신 닭다리를 이용하면 만들기가 한결
수월해요. 쫄깃한 닭다리에 허브버터를 발라 맛납니다.

- -

재료 닭다리 6개, 버터 3큰술, 타임·오레가노 1작은술씩
고기 밑간 소금 1큰술, 후춧가루 1/3작은술

만드는 법
1 닭다리에 칼집을 넣고 소금과 후춧가루를 뿌려 밑간한다.
2 버터는 실온에 두고 부드러워지면 허브를 넣고 섞는다.
3 칼집을 넣어 밑간해둔 닭다리에 ②의 허브버터를 붓으로 골고루 바른다.
4 180℃로 예열한 오븐에 넣어 20분 정도 노릇하게 구워 완성한다.

부위별 요리
닭봉+닭날개+닭다리

부위별 요리
모래주머니
+닭발+닭 전체

들깨삼계탕

날이 더워 땀을 많이 흘리거나 기운이 떨어질 때 찾는 메뉴가
삼계탕이지요. 마늘과 각종 향채를 넣고 끓여도 맛있지만 들깨를
더해 끓여보세요. 들깨의 고소한 향으로 걸쭉해진 국물이 더 맛있게
느껴진답니다. 아이들 여름 보양식으로 추천합니다.

재료 닭 한 마리(5~6호/600g), 찹쌀 1/2컵, 들깨가루 3큰술, 찹쌀가루 1큰술,
소금 약간, 물 적당량
국물 인삼 또는 황기 1뿌리, 양파 1개, 대파 1/2대, 대추 3개, 마늘 3쪽,
통후추 1/2작은술

만드는 법
1 찹쌀은 씻어 물에 충분히 불린다.
2 닭은 깨끗하게 씻어 목 껍질 안쪽과 몸통의 기름을 떼낸다. 날개 끝과 꽁지
끝을 가위로 제거한 뒤 불린 찹쌀을 닭의 뱃속에 넣고 다리를 묶는다.
3 냄비에 ②를 넣고 닭이 잠길 정도로 물을 넉넉히 부은 뒤 국물 재료를 모두
넣고 1시간 정도 삶는다.
4 닭이 익으면 닭과 향신 재료를 건져내고 국물만 따로 둔다.
5 국물에 들깨가루와 찹쌀가루를 풀어 5분 정도 끓인다.
6 ⑤에 삶은 닭을 넣고 한 번 더 끓여 소금을 곁들여낸다.

모래주머니채소볶음

독특한 식감으로 아이들도 좋아하는 모래주머니로 만든 볶음요리예요. 각종 채소를
더해 달짝지근한 데리야키소스로 볶아내면 아이들 밥반찬이나 간식, 어른들의
술안주로도 내놓기 좋답니다. 넉넉하게 만들어 온가족이 함께 즐겨보세요.

재료 모래주머니 200g, 양파·청피망·홍피망 1/2개씩, 마늘 5쪽,
데리야키소스(만드는 법 P175) 3큰술, 참기름·통깨 1작은술씩, 굵은소금·식용유 약간씩
고기 밑간 맛술 1/2큰술, 다진 마늘 1작은술, 후춧가루 약간

만드는 법

1 모래주머니는 굵은소금으로 손질한 뒤 세로로 길게 3등분하여 밑간한다.
2 양파와 피망은 두툼하게 채썰고 마늘은 반 가른다.
3 달군 팬에 식용유를 두르고 밑간한 모래주머니를 넣어 센 불에서 볶는다.
4 모래주머니가 익기 시작하면 채썬 양파와 피망을 넣어 볶는다.
5 양파가 투명해지면 마늘을 넣고 한 번 더 볶는다.
6 데리야키소스를 넣어 윤기나게 졸인 뒤 참기름과 통깨를 뿌려 마무리한다.

부위별 요리
모래주머니+닭발+닭 전체

모래주머니고구마튀김

예전에는 술안주로나 즐기던 모래주머니가 별미 간식으로 사랑받고 있습니다.
아이들 간식으로 모래주머니와 고구마를 함께 튀겼어요. 일반 닭튀김에 비해
크기도 작아 재빨리 튀길 수 있어 더 바삭하답니다.

- -

재료 모래주머니 200g, 밤고구마 1개, 튀김가루 1큰술, 굵은소금 약간, 식용유 적당량
고기 밑간 맛술 1/2큰술, 다진 마늘 1작은술, 소금 1/3작은술, 후춧가루 약간
튀김 반죽 튀김가루 2컵, 얼음물 1과1/2~2컵

만드는 법
1 모래주머니는 굵은소금으로 손질한 뒤 2~3등분해 밑간한다.
2 고구마는 껍질을 벗기고 모래주머니와 비슷한 크기로 깍둑썬다.
3 밑간해둔 모래주머니에 튀김가루 1큰술을 넣어 버무린다.
4 튀김가루에 얼음물을 조금씩 부어가며 약간 뻑뻑하게 튀김 반죽을 만든다.
5 오목한 팬에 식용유를 넉넉히 부어 달군 뒤 ③의 모래주머니에 튀김옷을 입혀 7~8분 정도
속이 익고 겉이 노릇해지도록 튀긴다.
6 고구마에 튀김옷을 입혀 바삭하게 튀겨 함께 낸다.

부위별 요리
모래주머니+닭발+닭 전체

간장양념닭발볶음

콜라겐이 풍부한 닭발은 성장기 아이들에게 좋은 식재료입니다. 요즘은 뼈 없이
손질된 닭발도 구하기 쉽지요. 닭발 특유의 냄새는 소주와 생강, 통후추로 잡고
달달한 간장 양념으로 졸였어요. 씹을수록 쫄깃해 아이들도 좋아해요.

- -

재료 뼈 없는 닭발 200g, 다진 마늘 2큰술, 식용유 1큰술, 참기름 1작은술, 후춧가루 약간
닭발 삶는 양념 소주 1/2컵, 생강 1톨, 통후추 1/2작은술
간장 양념 양조간장 2큰술, 매실액·올리고당·맛술 1큰술씩

만드는 법

1 깨끗이 손질한 닭발은 소주와 생강, 통후추를 넣은 물에 5분 정도 삶는다.
2 삶은 닭발을 찬물에 헹구어 체에 밭쳐 물기를 뺀다.
3 달군 팬에 식용유를 두르고 다진 마늘을 넣어 볶는다.
4 마늘 향이 나기 시작하면 삶은 닭발을 넣고 볶는다.
5 분량의 간장 양념을 섞어 ④에 넣고 양념이 배도록 볶은 뒤 참기름과 후춧가루를 더해 마무리한다.

부위별 요리
모래주머니+닭발+닭 전체

찜닭

어릴 적 경상도가 고향인 친정엄마가 자주 만들어주던 요리입니다.
엄마의 간장닭조림은 제 입에도 꽤나 맛있었는데 언제부턴가 '찜닭'이라는
이름으로 유명해졌지요. 요즘 아이들에게도 환영받는 인기 메뉴랍니다.

재료 조각낸 닭 한 마리(8~9호/900g), 감자 2개, 양파 1개, 당근·오이 1/3개씩,
대파 1/3대, 불린 당면 한 줌, 물 2컵
간장 양념 양조간장 1/2컵, 흑설탕 3큰술, 맛술·물엿 2큰술씩, 다진 마늘 1큰술,
다진 생강 1작은술(또는 생강술 1/2큰술), 후춧가루 약간

만드는 법
1 감자와 당근은 1cm 두께로 두툼하게 썬다.
2 양파는 세로로 6등분하고 오이와 대파는 두껍게 어슷썰기한다.
3 냄비에 닭을 넣고 잠길 정도로 찬물을 부어 한 번 끓인다.
4 물이 끓으면 닭을 건져 찬물에 씻고, 분량의 재료를 섞어 간장 양념을 만든다.
5 다시 냄비에 닭을 넣고 분량의 간장 양념을 넣은 뒤 물 2컵을 부어 끓인다.
6 끓어오르면 준비한 감자와 당근, 양파를 넣어 중간 불로 낮추어 졸이다 국물이 절반으로
줄어들면 오이, 대파, 불린 당면을 넣고 자작하게 졸인다.

살코기 철분 양 돼지고기의 2배! **양고기**

단백질 함유량 ⇒ 20.88g 미국산 어린 양고기 기준
칼로리 ⇒ 143kcal 미국산 어린 양고기 기준

국가표준식품성분표 제9개정판 / 살코기 100g 기준

양고기는 철분 함량이 높고 육질이 연해 성장기
아이들에게 좋은 육류입니다. 국내 유통분은 대부분
호주 수입산으로 어깨살 살코기나 양갈비가 많지요.
양갈비는 숄더랙과 프렌치랙 두 종류가 판매되는데
우선 숄더랙은 목덜미 근처의 어깨쪽 갈비로
살코기가 많고 풍미가 좋습니다. 고급 스테이크로
활용되는 프렌치랙은 립 부위의 갈비로 모양도
반듯하고 지방도 적당히 어우러져 있지요. 양고기는
기름이 쉽게 굳으므로 먹기 직전에 조리해야
합니다. 육즙이 풍부한 양갈비는 구이로, 쫄깃한
식감의 어깨살은 바비큐나 양꼬치로, 부드러운
사태살은 찜이나 스튜로 만들어 드세요.

비타민A, 미네랄의 보고! **오리고기**

단백질 함유량 ⇒ 21.0g
칼로리 ⇒ 109kcal

국가표준식품성분표 제9개정판 / 살코기 100g 기준

가금류 중 닭고기 다음으로 많이 소비하는
오리고기는 보양식으로도 자주 식탁에 오릅니다.
닭과 달리 차가운 성질을 지녔는데 몸의 열을
낮추고 독소를 풀어주는 기능도 있지요. 체력에
도움이 되는 필수아미노산 중심의 단백질과
불포화지방산이 풍부해 성장기 아이들에게도 좋은
식품입니다. 훈제나 생고기 모두 조리 시 기름이
많이 나오는 편이라 기름이 빠지는 팬을 사용해
조리하거나 중간중간 기름을 제거해야 담백하게
즐길 수 있습니다. 구이, 전골, 주물럭, 샐러드
등으로 즐기며 스테이크와 구이로는 가슴살과
다리살이, 주물럭과 볶음은 다리살과 안심살이
적당합니다.

양고기&오리고기로
만든 반찬

특별한 고기를 먹고 싶은 날에는 양고기와 오리고기에 도전해보세요.
육질과 향, 식감도 색달라 입맛을 돋우기 좋답니다. 외식 메뉴로 자리잡은
양고기와 오리고기, 이제 집에서 맛있게 즐기세요. 철분과 비타민, 미네랄
등이 풍부해 성장기 아이들에게 좋은 보양식을 소개합니다.

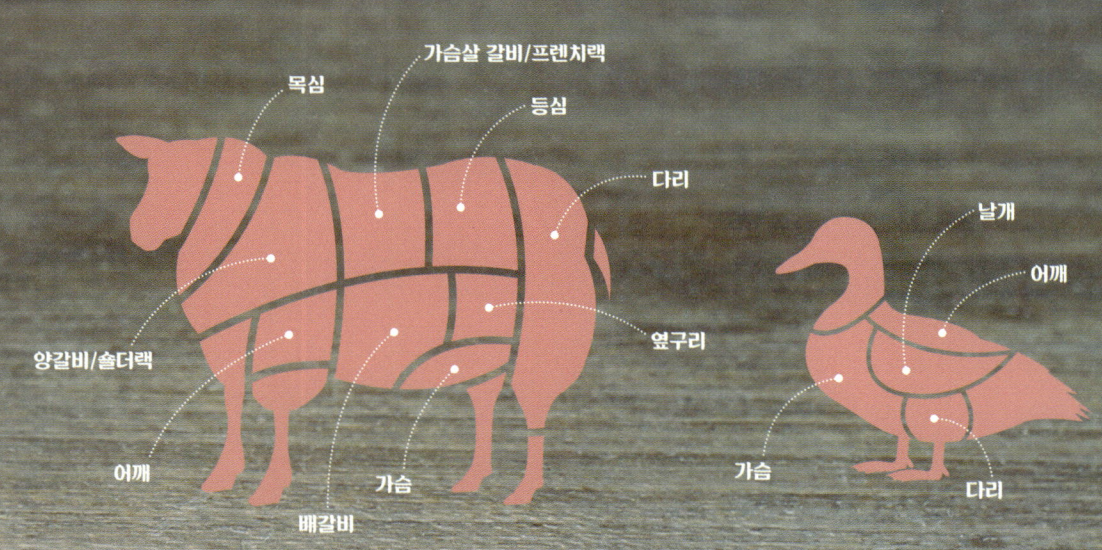

목심

가슴살 갈비/프렌치랙

등심

다리

양갈비/숄더랙

옆구리

어깨

배갈비

가슴

날개

어깨

가슴

다리

양고기 + 베이스 만들기 : 양갈비 마리네이드

Lamb Base

요즘은 마트에서도 양갈비를 쉽게 볼 수 있지요. 다양한 허브를 활용하면 양갈비 특유의 냄새를 조금 줄일 수 있답니다. 양갈비 요리에 앞서 기본이 되는 양갈비 마리네이드를 소개합니다. 로즈마리 이외에도 타임이나 오레가노 등 다양한 허브를 활용해 즐겨보세요.

  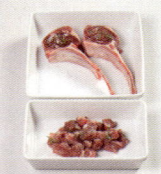

※ 밑재료 4인 기준, 각 활용요리 2인 기준

재료 양갈비 800g, 올리브유 2큰술, 소금 2작은술, 로즈마리 1작은술, 후춧가루 1/2작은술

만드는 법

1 양갈비의 지방 덩어리는 제거하고 뼈 부분의 막은 칼로 긁어내 깨끗하게 손질한다.
2 다듬은 양갈비를 키친타월 위에 올려 핏물을 제거한다.
3 갈비 아래 뼈 부분의 살을 긁어 깔끔하게 정리한다. 볶음용이나 커리용은 뼈를 발라내 한입크기로 썬다.
4 로즈마리, 소금, 후춧가루를 고루 뿌린 뒤, 올리브유를 발라 코팅한다.
5 손질한 고기는 소분해 진공팩이나 랩과 비닐로 꼼꼼하게 감싼 뒤 냉동보관한다.

〔 양갈비 마리네이드 〕

활용요리
01

활용요리
02

활용요리
03

양갈비스테이크

마리네이드한 양갈비로 만들 수
있는 초간단 양갈비 스테이크예요.
아이들도 몹시 좋아하는
메뉴이지요. 구운 채소와 곁들이면
소금과 후춧가루만으로도 충분해요.

양갈비토마토요구르트커리

인도에서는 양갈비를 카레로 많이
만들어 먹습니다. 일반 카레가루에
토마토와 요구르트를 더했지요.
요구르트와 커리가 만나 의외의
부드러운 맛을 내줍니다.

양갈비발사믹채소볶음

양갈비를 먹기 편하게 잘라
각종 채소와 볶았어요. 달콤한
발사믹소스를 넣어 감칠맛을
더했지요. 뼈에서 손질한
자투리살이나 양꼬치용 고기를
활용해도 좋아요.

양갈비 마리네이드 활용요리

양갈비스테이크 01

재료 마리네이드한 냉동 양갈비 4대,
브로콜리 1/2송이, 양송이버섯 4개, 올리브유 1큰술,
소금·후춧가루 약간씩

만드는 법
1 마리네이드한 냉동 양갈비를 미리 꺼내 해동한다.
2 브로콜리는 송이를 떼어 끓는 물에 데치고
양송이버섯은 2~3등분 한다.
3 ②의 채소를 소금과 후춧가루로 밑간해 올리브유를
넣고 버무린다.
4 팬을 센 불에 달구어 해동한 양갈비를 앞뒤로
약 1분씩 굽고 채소도 함께 구워낸다.
5 취향에 따라 발사믹스테이크소스(만드는 법 P65)
를 더한다.

양갈비토마토요구르트커리 02

재료 마리네이드한 냉동 양갈비살 150g, 양파·감자 1개씩,
완숙 토마토 2개, 카레가루 3큰술(50g), 플레인요구르트·
식용유 2큰술씩, 버터 1큰술, 다진 마늘 1/2큰술, 물 3컵
고기 밑간 소금 1/4작은술, 후춧가루 약간

만드는 법
1 마리네이드한 냉동 양갈비살을 미리 꺼내 해동한 뒤
소금과 후춧가루로 밑간한다.
2 양파와 감자는 한입크기로 썬다.
3 토마토는 열십자로 작게 칼집을 넣어 끓는 물에 살짝
데친다. 이후 껍질을 벗겨 한입크기로 썰어 씨를 제거한다.
4 달군 팬에 식용유와 버터를 녹여 다진 마늘을 넣고 향을
낸 뒤 밑간해둔 양갈비살과 채소를 넣어 볶는다.
5 ④에 데친 토마토와 물을 넣고 끓인다.
6 끓어오르면 카레가루를 풀고 감자가 익으면
플레인요구르트를 넣고 한 번 더 끓여낸다.

양갈비발사믹채소볶음 03

재료 마리네이드한 냉동 양갈비살 300g,
양파·가지 1/2개씩, 주키니호박 1/3개,
식용유 2큰술, 타임 또는 로즈마리
1작은술, 소금 1/3작은술, 후춧가루 약간
발사믹소스 발사믹식초 1/2컵,
설탕 1/2큰술

만드는 법
1 마리네이드한 냉동 양갈비살을 미리
꺼내 해동한다.
2 양파, 가지, 호박은 한입크기로 썬다.
3 발사믹식초와 설탕을 팬에 넣고 약한
불에서 3분간 졸여 발사믹소스를 만든다.
4 달군 팬에 식용유를 두르고 해동한
양갈비살을 넣어 볶다가 겉면이 갈색이
되기 시작하면 채소를 넣고 같이 볶는다.
5 고기와 채소가 익으면 발사믹소스를
넣어 한 번 더 볶고 허브와 소금,
후춧가루로 간한다.

03

02

양고기 + 베이스 만들기 : 양고기 허브다짐육

Lamb Base

갈비 이외의 고기를 활용해
허브다짐육을 만들었어요.
양고기를 많이 소비하는
나라에서는 다짐육에 민트를
비롯한 각종 허브를 넣어 케밥 같은
요리를 많이 만들어 먹지요. 양고기
허브다짐육으로 색다른 메뉴에
도전해보세요.

※ 밑재료 4인 기준, 각 활용요리 2인 기준

재료 양고기 500g, 간 양파 건더기
3큰술, 다진 마늘 1큰술, 소금 1/2큰술,
후춧가루 1/4작은술
허브믹스 민트잎 5장, 파슬리 1작은술,
큐민·오레가노 1/2작은술씩

만드는 법
1 양고기는 갈비살이나 어깨살을 준비해 작게 썬다.
2 작게 썬 양고기 살은 푸드프로세서를 이용해 간다.
3 민트 잎은 잘게 다져 남은 허브와 섞어 허브믹스를 준비한다.
4 볼에 간 양고기살과 간 양파 건더기, 다진 마늘, 허브믹스, 소금,
후춧가루를 넣고 치댄다.
5 적당한 크기의 얼음틀에 ④를 넣고 밀폐해 냉동보관한다.

〔 양고기 허브다짐육 〕

활용요리
01

활용요리
02

활용요리
03

양고기미트볼꼬치

허브다짐육으로 미트볼을 만들어
그대로 구워 먹거나 소스에 졸여
먹으면 맛있답니다. 미트볼을
구워 채소와 함께 꼬치로 만들면
한 입에 먹기 편한 미트볼꼬치가
완성되어요.

양고기미트소스파스타

양고기를 활용해 미트소스 파스타를
만들었어요. 허브다짐육을 그대로
활용해 시판 토마토소스나 토마토
다이스를 넣어 만들어보세요.
미트소스를 대량으로 만들어
소분해 얼려 사용해도 좋아요.

양고기케밥과 요구르트소스

터키 등의 중동지역에서 자주
즐기는 요리로 허브다짐육과
요구르트소스의 조화가 일품이지요.
다짐육에 간장으로 간하면
우리에게도 익숙한 감칠맛이
맴돌아요.

양고기
허브다짐육
활용요리

양고기미트볼꼬치 ^이

재료 냉동 양고기 허브다짐육 300g,
빨강 파프리카·노랑 파프리카·청피망 1/2개씩, 식용유
2큰술, 소금·후춧가루 약간씩

만드는 법
1 냉동한 양고기 허브다짐육을 미리 꺼내 해동해 지름
2~3cm 크기로 둥글게 빚어 미트볼을 만든다.
2 파프리카와 피망은 사방 2cm 크기로 썬다.
3 달군 팬에 식용유를 두르고 센 불에서 재빨리
파프리카와 피망을 볶아 소금, 후춧가루로 간해 덜어둔다.
4 같은 팬에 식용유를 두르고 약한 불에서 ①의 미트볼을
굴려가며 속까지 익힌다.
5 꼬치에 미트볼과 채소를 번갈아 꽂는다.

양고기케밥과 요구르트소스 ^{02}

재료 냉동 양고기 허브다짐육 300g, 양조간장
1/2큰술, 설탕 1작은술, 올리브유 약간
오이요구르트소스 오이 1/3개, 플레인요구르트 1/2컵,
레몬즙 1/2큰술, 소금·후춧가루 약간씩

만드는 법

1 냉동한 양고기 허브다짐육을 미리 꺼내 해동한다.
2 해동한 허브다짐육에 간장과 설탕을 넣어 치댄 뒤
10cm 길이로 핫도그 모양을 만든다.
3 오븐용기에 ②의 양고기 스틱을 올리고 올리브유를
바른다.
4 180℃로 예열한 오븐에 15~20분간 익힌다. 중간에
한번 뒤집어 색이 고르게 나도록 한다.
5 오이를 잘게 다져 분량의 재료와 섞어
요구르트소스를 만들어 양고기케밥과 함께 낸다.

양고기미트소스파스타 ^{03}

재료 냉동 양고기 허브다짐육 200g,
파스타 펜네 2인분, 시판 토마토소스 2컵,
다진 양파 3큰술, 파마산치즈 가루·올리브유
2큰술씩, 다진 마늘 1큰술, 소금·후춧가루 약간씩

만드는 법

1 냉동한 양고기 허브다짐육을 미리 꺼내 해동한 뒤
소금과 후춧가루로 밑간한다.
2 달군 팬에 올리브유를 두르고 다진 양파와 마늘을
넣어 볶는다.
3 양파가 투명해지면 밑간해둔 허브다짐육을 넣어
함께 볶는다.
4 고기가 거의 익으면 토마토소스를 넣고 약한 불에서
뭉근히 20분 정도 끓인다.
5 끓는 물에 소금을 약간 넣어 파스타를 삶아 건진다.
6 삶은 파스타에 ④의 소스를 버무린 뒤 파마산치즈
가루를 뿌려낸다.

03

오리고기 + 베이스 만들기 : 오리불고기 재움

Lamb Base

불고기 또는 로스용으로 판매하는 생오리고기를 구입해 간장 양념에 재워 아이들 반찬으로 활용해보세요. 훈제오리와는 다른 오리 특유의 쫄깃한 식감과 맛이 좋답니다. 불고기 양념에 재워 냉동실에 두면 반찬 없는 날 좋은 밑재료가 되어줍니다.

※ 밑재료 4인 기준, 각 활용요리 2인 기준

재료 오리정육 600g, 생강술 1큰술, 후춧가루 1/4작은술
재움 양념 양조간장 3큰술, 다진 마늘·맛술·매실액·설탕 1큰술씩

<u>만드는 법</u>
1 오리고기의 기름 덩어리를 제거하고 한입크기로 썬다.
2 생강술과 후춧가루로 밑간한다.
3 분량의 재료를 섞어 재움 양념을 만들어 밑간해둔 오리고기를 재워 냉장실에서 1시간 이상 숙성시킨다.
4 한 번 먹을 분량씩 비닐백에 소분해 밀폐한 뒤 냉동보관한다.

〔 오리불고기 재움 〕

활용요리
01

활용요리
02

활용요리
03

오리간장불고기

오리고기를 아이들이 좋아하는
간장 양념에 재워 각종 채소와
볶은 요리입니다. 부추는 생채로
곁들여도 좋지만 아이가 강한 부추
향을 싫어한다면 함께 넣고 볶아도
맛있답니다.

오리떡볶음

오리고기와 떡을 함께 볶으면
간식은 물론 밥반찬으로 좋지요.
미리 재워둔 오리불고기를 활용해
채소와 떡만 더해 볶아요. 쫄깃한
식감의 떡을 넣어 아이들도 아주
좋아하는 메뉴예요.

매콤오리주물럭

어른들과 아이들이 모두 좋아하는
오리주물럭입니다. 조금 매운맛이
나지만 오리 기름과 채소의 단맛이
어우러져 아이들도 곧잘 먹지요.
슈레드치즈를 넉넉히 올려 매운맛을
중화시키고 풍미를 더했어요.

오리불고기 재움
활용요리

오리간장불고기 *01*

재료 냉동 오리불고기 300g, 양파 1/2개,
부추 1/5단(80g), 팽이버섯 한 줌, 참기름 1작은술

만드는 법
1 냉동한 오리불고기는 미리 꺼내 해동한다.
2 양파는 1cm 폭으로 채썰고 부추와 팽이버섯도 양파와
같은 길이로 썬다.
3 달군 팬에 해동한 오리불고기와 양파를 넣고 볶는다.
4 고기가 거의 익으면 부추와 팽이버섯을 넣어 한번 더
볶고 참기름을 넣어 마무리한다.

오리떡볶음 *02*

재료 냉동 오리불고기 200g, 떡볶이 떡 100g,
양파 1/3개, 빨강 파프리카·노랑 파프리카 1/2개씩,
양조간장·물엿 1/2큰술씩, 참기름 1작은술

만드는 법
1 냉동한 오리불고기는 미리 꺼내 해동한다.
2 양파는 채썰고 파프리카도 양파와 같은 길이로 채썬다.
3 팬에 해동한 오리불고기와 채썬 양파를 넣고 볶는다.
4 고기가 반 정도 익으면 떡볶이 떡과 채썬 파프리카를
넣고 간장, 물엿을 넣어 함께 볶는다.
5 고기가 다 익고 떡이 말랑해지면 참기름을 넣어
완성한다.

01

02

03

매콤오리주물럭 03

재료 냉동 오리불고기 300g, 양파 1/2개,
애호박·당근 1/3개씩, 슈레드치즈 1컵
추가 양념 고추장 2큰술, 물엿 1/2큰술

만드는 법

1 냉동한 오리불고기는 미리 꺼내
해동한다.
2 해동한 오리불고기에 추가 양념을 더해
냉장고에서 1시간 이상 재운다.
3 양파는 1cm 폭으로 썰고 애호박과
당근은 2cm 폭으로 얇게 썬다.
4 달군 팬에 재운 고기를 넣어 볶다가
고기가 반쯤 익으면 채소를 함께 볶는다.
5 ④에 슈레드치즈를 올리고 약한 불에서
뚜껑을 닫아 치즈를 녹인다.

245

오리고기 + 베이스 만들기 : 훈제오리

Lamb Base

요즘은 손쉽게 다양한 브랜드의 훈제오리를 만날 수 있지요. 훈제오리는 손질해 냉동보관해두고 그대로 해동시켜 구워 머스터드소스와 함께 내면 훌륭한 아이 반찬거리가 되어요. 굽기 전에 훈제오리의 기름기를 제거하면 오리 특유의 냄새까지 줄어 더욱 담백합니다.

훈제오리 기름기 제거하는 방법

방법 1 찜기에 찌기
구멍 뚫린 찜기에 훈제오리를 올려
한 번 쪄낸다. 단시간에 쪄야 영양분
손실을 줄일 수 있다.

방법 2 끓는 물에 데치기
끓는 물에 훈제오리를 살짝 데쳐
체에 밭친다. 혹은 훈제오리를 체에
넣고 뜨거운 물을 고루 끼얹는다.

방법 3 구운 뒤 키친타월에 올리기
훈제오리를 구운 뒤 키친타월을
올려 기름기를 제거한다. 식기 전에
먹어야 기름이 다시 굳지 않는다.

〔 훈제오리 〕

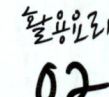

활용요리
01

활용요리
02

활용요리
03

훈제오리채소볶음

영양소가 균형있고 식감도 다양하게
요리하려고 훈제오리에 채소를
함께 볶아요. 특히 식감이 좋은
느타리버섯과 아삭한 숙주나물은
오리고기와 잘 어울리지요. 냉장고
속 자투리 채소로 만들어도 좋아요

훈제오리묵은지볶음밥

훈제오리 한 팩을 사서 다 먹지
못하고 남을 때가 있지요. 그럴
땐 작게 잘라 냉동실에 보관해
두었다가 볶음밥으로 활용합니다.
묵은지를 씻어 함께 볶으면 느끼한
맛도 잡아주고 감칠맛도 더해요.

훈제오리무쌈채소말이

알록달록 채소와 함께 말은
무쌈말이는 화려한 비주얼에
아이들도 좋아하는 메뉴예요.
상큼한 무쌈과 채소 덕에 느끼하지
않게 훈제고기를 즐길 수 있어요.

훈제오리
활용요리

01

훈제오리채소볶음 01

재료 냉동 훈제오리 200g, 양배추 1/8통,
양파 1/2개, 느타리버섯 50g, 숙주 한 줌,
참기름 1작은술, 소금·후춧가루 약간씩

만드는 법
1 냉동한 훈제오리는 미리 꺼내 해동한 뒤
한입크기로 썬다.
2 ①은 끓는 물에 살짝 데쳐 기름기를
제거한다.
3 양배추는 사방 2cm로 썰고 양파는 도톰하게
채썬다. 버섯은 찢어 준비한다.
4 팬에 기름기를 제거한 훈제오리와 손질한
양배추, 양파를 넣고 볶는다.
5 양파가 투명해지면 버섯과 숙주를 넣고
한 번 더 볶은 뒤 참기름을 두르고 소금,
후춧가루로 간을 한다.

02

훈제오리무쌈채소말이 ⁰³

재료 냉동 훈제오리 200g, 무쌈 15~20장,
빨강 파프리카·노랑 파프리카·오이 1개씩,
무순 한 줌
허니머스터드소스 마요네즈 3큰술,
머스터드 1큰술, 꿀 1/2큰술

만드는 법

1 냉동한 훈제오리는 미리 꺼내 해동한다.
2 해동한 훈제오리는 한입크기로 잘라 팬에 구워
기름기를 제거한다.
3 파프리카와 오이는 비슷한 길이로 채썬다.
4 무쌈에 구운 훈제오리와 파프리카, 오이 무순을
올려 만다.
5 분량의 재료를 섞어 허니머스터드소스를
만들어 곁들인다.

훈제오리묵은지볶음밥 ⁰²

재료 냉동 훈제오리 200g, 밥 2공기, 김치 1/4포기, 당근 1/3개, 양파 1/4개,
마늘 3쪽, 굴소스 1큰술, 통깨 1작은술, 소금·후춧가루·식용유 약간씩

만드는 법

1 냉동한 훈제오리는 미리 꺼내 해동한다.
2 김치는 씻어 잘게 썰고 해동한 훈제오리는 주사위 모양으로 작게 썬다.
3 양파와 당근은 사방 1cm 크기로 썰고 마늘은 편썬다.
4 훈제오리는 구워 덜어내고 팬에 남은 기름기를 제거한다.
5 같은 팬에 식용유를 약간 두르고 편으로 썬 마늘을 볶다가 잘게 썬 김치와
당근, 양파를 넣어 볶는다.
6 채소가 익으면 구운 훈제오리와 밥을 넣어 볶다가 굴소스와 소금, 후춧가루로
간한 뒤 통깨를 뿌려낸다.

우리 아이 키우는
쑥쑥 고기반찬

2018년 4월 15일 2쇄 발행

저자	서혜원
펴낸이	문영애
사진	박영하(여름 夏 스튜디오)
디자인	8Ball Studio
푸드스타일링	최근희(테이블온더그린)
그릇 협찬	에델바움 02-706-0350, 윤현상재/윤현핸즈 02-540-0145
	스켑슐트 02-2296-1906, 즈윌링/스타우브 02-2192-9630
	(주)인아트 1588-3274
인쇄/출력	도담프린팅

펴낸곳	수작걸다
주소	경기 용인시 수지구 동천로 64
전화	02-2066-7044
이메일	suzakbook@naver.com
블로그	blog.naver.com/suzakbook

ISBN 978-89-6993-017-0 13590

이 책은 저작권법에 따라 보호받는 저작물이므로 무단 전재와 무단 복제를 금지하며,
이 책 내용의 전부 또는 일부를 이용하려면 반드시 저작권자와 수작걸다의 서면 동의를 받아야 합니다.
* 제본에 이상이 있는 책은 바꾸어 드립니다.